Web应用小程序
案例研究与分析

陈 锐 著

人民交通出版社
北 京

内 容 提 要

本书全面剖析了涵盖日常应用类、游戏类、综合应用类三大类型的15个Web应用小程序案例。每个Web应用小程序案例都详细分析和讲解了CSS样式设计、HTML界面设计、JavaScript前端脚本或PHP/ASP后台脚本编程。

本书可作为Web应用小程序爱好者的入门参考用书，也可作为前端开发人员和计算机类专业学生的小程序开发工具书。

图书在版编目(CIP)数据

Web应用小程序案例研究与分析 / 陈锐著. — 北京：人民交通出版社股份有限公司, 2025. 5. — ISBN 978-7-114-20114-1

Ⅰ. TP311. 561

中国国家版本馆CIP数据核字第2024A3T886号

Web Yingyong Xiaochengxu Anli Yanjiu yu Fenxi

书　　名：**Web应用小程序案例研究与分析**
著 作 者：陈　锐
责任编辑：张一梅
责任校对：卢　弦
责任印制：张　凯
出版发行：人民交通出版社
地　　址：(100011)北京市朝阳区安定门外外馆斜街3号
网　　址：http://www. ccpcl. com. cn
销售电话：(010)85285911
总 经 销：人民交通出版社发行部
经　　销：各地新华书店
印　　刷：北京科印技术咨询服务有限公司数码印刷分部
开　　本：787×1092　1/16
印　　张：12
字　　数：290千
版　　次：2025年5月　第1版
印　　次：2025年5月　第1次印刷
书　　号：ISBN　978-7-114-20114-1
定　　价：68. 00元
(有印刷、装订质量问题的图书，由本社负责调换)

前言

随着移动互联网的普及,用户对便捷、高效的应用小程序的使用需求日益增长。Web应用小程序无须下载安装,即点即用,大大降低了用户的使用门槛,满足了用户在不同场景下快速访问的需求。本书介绍了基于网页浏览器运行的Web应用小程序案例,基于HTML5+CSS+JavaScript+PHP/ASP的Web前端开发技术,将基本操作和实用技术融入案例中,使读者全面、深入地理解Web应用小程序的完整开发流程,掌握相关技术,旨在提升读者的实际开发能力。

本书以"案例引领、任务驱动"的结构进行阐述,将案例教学内容转化为多个子任务,通过案例描述、案例功能分析、任务下达及完成等,使读者在完成任务的过程中,实现从理论到实践的跨越,真正掌握小程序开发核心技术。本书所研究的案例属于灵活、实用的类型,同时又兼具趣味性和实践性。案例中既有基础知识的综合应用,又有计算与逻辑思维的训练。

本书包括:7个日常应用类小程序,即案例一录播式直播小程序、案例二在线音乐播放器小程序、案例三电子时钟小程序、案例四画图小程序、案例五登录验证码小程序、案例六抽奖小程序、案例七购物车小程序;5个游戏类小程序,即案例八猜数字游戏小程序、案例九舞动的粒子小程序、案例十智慧停车游戏小程序、案例十一吞噬蛇游戏小程序、案例十二飞机游戏小程序;3个综合应用类小程序,即案例十三讲座互动交流小程序、案例十四在线评分小程序、案例十五物联网应用小程序。案例代码量不大,易于掌握,能够帮助读者在学习基础知识的同时,快速掌握在Web应用小程序开发中需要用到的技能,也便于前端开发人员查阅和参考。本书配套了丰富的数字资源,在相关知识点旁以二维码链接微课、动画等资源,提升用户学习效果及体验。

本书由广州市黄埔职业技术学校陈锐独著。陈锐为计算机软件高级程序员、计算机网络管理员高级技师、中职高级双师型教师,长期致力于计算机技术与学科教学融合创新方面的教学研究。作者在本书编写过程中,参考了相关文献资料,在此向这些文献的作者表示衷心的感谢!

限于作者水平,书中难免有疏漏和错误之处,恳请广大读者提出宝贵建议,以便进一步修改和完善。

作　者

2024年12月

目录

案例一
录播式直播小程序

案例描述

现实生活中我们看到的直播不一定是真正的现场实时直播,而是提前录制和剪辑好的视频。其优势在于确保所播内容的准确性,避免了实时直播中可能出现的失误和瑕疵。本案例通过对HTML5视频控件video的编程控制,将录制和剪辑好的视频以直播的方式让用户观看。

案例功能分析

(1)通过CSS设置,禁止video控件部分功能(防止用户在直播过程中任意操控视频和下载视频)以满足直播要求:禁止拖动进度条、禁止播放/暂停按钮、禁止播放速度设置、禁止下载。

(2)通过编程实现到点播放。时间未到,显示直播时间和等待直播开始的文字提示。

(3)通过编程实现,用户在直播开始之后进入直播界面,直播视频能自动定位到对应的时间点。

录播式直播
小程序的演示

录播式直播
小程序的设计

(4)通过编程实现,直播结束后,用户登录直播界面时提示直播已结束,同时用户可以选择观看录播视频。

实现以上功能,要编写以下3个文件。

(1)直播数据后台响应文件response. php。

(2)录播式直播小程序主文件index. html。

(3)观看录播视频文件show. html。

任务一　直播数据后台响应文件的编程

小贴士

网站网页开发工具Dreamweaver下载地址(可选择其他开发工具):
http://14. 116. 207. 34:880/lb/download/dreamweavercc2018. zip

1. response. php的程序代码

```
<?php
header("Content-Type:text/html; charset=gb2312");//中文编码
header("Cache-Control:no-cache");
$file="video#yjl. mp4";//视频的路径#文件名(可自行改变)
if($_POST['lb']=='lb')//获取录播视频文件的post请求
{
  echo($file);//返回录播视频的文件信息
  exit;//提前终止程序,后面的代码不执行
}
$stime=date("2024-05-26 11:28:00");//直播开始时间(可自行改变)
$etime=date("2024-05-26 11:30:10");//直播结束时间(直播开始时间+视频的时长)
```

```
$current_time = date("Y-m-d H:i:s",time());//当前时间,即用户端发送请求的时间
//判断用户端发送请求的时间是否在直播时间范围内
if(($current_time>=$stime)&&($current_time<=$etime))
{
  $sj = array ("file" => $file, "stime" => $stime);//创建格式化数据
  echo json_encode($sj);//返回直播的文件和开始的时间信息
}
elseif($current_time>$etime)
{
    echo "end";//返回直播结束信息
}
else
{
    echo "nostart#". $stime;//返回直播未开始信息
}
?>
```

2. IIS中配置PHP

小贴士

PHP5. 3下载地址(可自行下载5. 3以上其他版本):
http://14. 116. 207. 34:880/lb/download/php5. 3. msi

安装PHP过程中选择cgi模式(IIS7以上安装fastcgi模式)。安装完成之后,在IIS虚拟目录→功能视图→处理程序映射→添加模块映射中,添加处理*. php文件的处理程序,如图1-1所示。

配置IIS识别
并运行PHP

图1-1　IIS中配置PHP

要屏蔽一些不影响程序运行的提示信息（如DEPRECATED和NOTICE信息），可以在php. ini文件中进行以下设置：

PHP参数设置

```
error_reporting = E_ALL & ~E_DEPRECATED & ~E_NOTICE
display_errors = On
```

任务二　录播式直播小程序主文件的编程

1. index. html的CSS和HTML主要代码

（1）CSS代码如下：

```
<style type="text/css">
    body {
        font-size:14px;//字体
        text-align:center;//居中
    }
    /*隐藏video控件进度条*/
    video::-webkit-media-controls-timeline { display: none;}
    /*隐藏video控件的播放/暂停按钮*/
    video::-webkit-media-controls-play-button { display: none;}
    /*隐藏video控件的播放剩余时间*/
    video::-webkit-media-controls-time-remaining-display { display: none; }
</style>
```

(2)HTML主要代码如下:

```
<!--手机浏览器自适应代码-->
<META name=viewport  content=width=device-width,initial-scale=1. 0,
minimum-scale=1. 0,maximum-scale=1. 0>
<body>
<div>
<!--删除原生video控制条中全屏、下载、画中画、播放速度的设置,想要去掉哪一个,
就在标签上添加哪一个值即可-->
<video  width="90%"  controls id="video"  controlsList=
"nodownload  noremote  noremoteplayback  noplaybackrate  footbar"
disablePictureInPicture  disableRemotePlayback="true">
        <source src="" type="video/mp4">
</video>
<!--显示文字的label控件-->
<p><label id="show" style="font-size: 18px;"></label></p>
</div>
</body>
```

2. index. html的JS程序代码

小贴士

jQuery 3. 1下载地址(可自行下载3. 1以上其他版本):
http://14. 116. 207. 34:880/lb/download/jquery-3. 1. 1. min. js

```
<script type="text/javascript" src="jquery-3. 1. 1. min. js"></script>
<script type="text/javascript">
 function trim(str) //过滤头尾空格自定义函数
   {
        if(str == null) { return "" ;}
        //去除前面所有的空格
        while(str. charAt(0)  == ' ' )
        {
           str = str. substring(1,str. length);
        }
        //去除后面的空格
        while(str. charAt(str. length-1)  == ' ' )
        {
           str = str. substring(0,str. length-1);
        }
        return str ;
   }
var video = document. getElementById("video");//获得video的id
//通过post定时向response. php发送获取播放数据的请求
var id=setInterval(function(){
    $. post("response. php",{},
        function(data,status){//对返回数据进行处理的自定义函数
           if(trim(data)=='end')//直播结束,返回录播文件的路径
           {
             document. getElementById("show"). innerText="直播已经结束";
             clearInterval(id);//停止定时发送获取播放数据的请求
             if(confirm("直播已经结束,是否观看录播视频?")==true)
               {
                  window. location="show. html"; //观看录播视频文件
               }
           }
           else if(trim(data). indexOf("nostart#")==0)
```

```
            {
              var tmp=trim(data). split("#");
              document. getElementById("show"). innerText="直播未开始,开始时间为:"+tmp
[1]+",请不要关闭窗口,耐心等待!";
            }
            else if(trim(data)!='')
            {
              //对获取数据格式进行转换
              var jsonObject = JSON. parse(data);
              //将返回的视频信息通过替换字符变成视频文件路径
              var filename=jsonObject. file. replace("#","/");
              var stime=new Date(jsonObject. stime);//直播开始时间
              var ctime=new Date();//当前的时间
              var currtime=Math. floor((ctime. getTime()-stime. getTime())/1000);
              video. src = filename;//加载文件到video控件
              //设置视频从第几秒开始播放
              video. currentTime = currtime;
              clearInterval(id);//停止定时发送获取播放数据的请求
              setTimeout(function(){video. play();},600);//播放视频
              document. getElementById("show"). innerText="";
            }
        }
        );
  },1000);//每隔1s定时运行函数

  $("video"). bind("contextmenu",function(){//取消video的鼠标右键单击
        return false;
        });
</script>
```

任务三　录播视频文件的编程

1. show. html的CSS和HTML主要代码

```
<META name=viewport  content=width=device-width,initial-scale=1. 0,
minimum-scale=1. 0,maximum-scale=1. 0>
<style type="text/css">
body {
      font-size:14px;
```

```
        text-align: center;
    }
    </style>
    </head>
    <body>
    <video id="video" width="90%" controls="controls" autoplay="autoplay">
      <source src="" type="video/mp4">
    </video>
    </body>
```

2. show. html的JS程序代码

```
<script type="text/javascript" src="jquery-3. 1. 1. min. js"></script>
<script>
$. post("response. php",
   {"lb" : "lb"},//获取录制视频的地址命令
    function(data,status){
      //将返回的视频信息通过替换字符变成视频文件路径
      document. getElementById("video"). src=data. replace("#","/");
    }
);
</script>
```

小贴士

以下是限制网页只能在微信中打开的JS代码，放在标签<body>前面即可。

```
<script>
//对浏览器的UserAgent进行正则匹配，不含有微信独有标识的则为其他浏览器
    var useragent = navigator. userAgent;
    if (useragent. match(/MicroMessenger/i) != 'MicroMessenger') {
        //这里警告框会阻塞当前页面继续加载
        alert('已禁止本次访问：您必须使用微信内置浏览器访问本页面!');
        //以下代码是用JavaScript强行关闭当前页面
        var opened = window. open('about:blank','_self');
        opened. opener = null;
        opened. close();
    }
</script>
```

小贴士

以下是限制网页只能在微信中打开的PHP代码，放在标签<body>前面即可。

```
<?php
//获取系统变量HTTP_USER_AGENT,判断是否是含有微信独有标识的浏览器
    $useragent = addslashes($_SERVER['HTTP_USER_AGENT']);
    if((strpos($useragent,'MicroMessenger')= = =false)&&
      (strpos($useragent,'Windows Phone')= = =false))
    {//条件中的3个等于号表示数据类型和数据值都相等
      echo "已禁止本次访问:您必须使用微信内置浏览器访问本页面!";
      exit;//提前结束程序,后面的所有代码不执行
    }
?>
```

案例小结

以上是录播式直播小程序基本功能的实现，在此基础上可以继续完善直播场景设置、弹幕、留言、后台管理、权限管理、付费管理等功能。录播式直播小程序是一种功能丰富、便捷高效的教育或娱乐平台，具有广泛的应用场景和显著的优势。对于教育机构、个人教师以及娱乐内容创作者来说，搭建和使用录播式直播小程序将是一个不错的选择。

案例二

在线音乐播放器小程序

案例描述

在线音乐播放器是近年来随着移动互联网的发展而兴起的一种新型音乐播放方式。在线音乐播放器无须下载安装,不占用设备过多的存储空间;可跨平台运行,通过输入网址或扫描二维码即可使用,用户可以随时随地且十分方便地访问并欣赏音乐。本案例通过对HTML5音频控件audio的编程控制,同时结合Canvas对象的图像编程,设计简单的在线音乐播放器小程序。

案例功能分析

本案例为简化版的在线音乐播放器,主要实现以下常用的核心功能。

在线音乐播放器小程序的演示

在线音乐播放器小程序的设计

(1)歌曲列表点播,以及播放上一首、下一首。

(2)单曲循环、列表循环模式的切换。

(3)歌曲播放进度的动态图形显示。

上述功能均在音乐播放器主文件index. html中实现。

图2-1所示为在线音乐播放器界面。

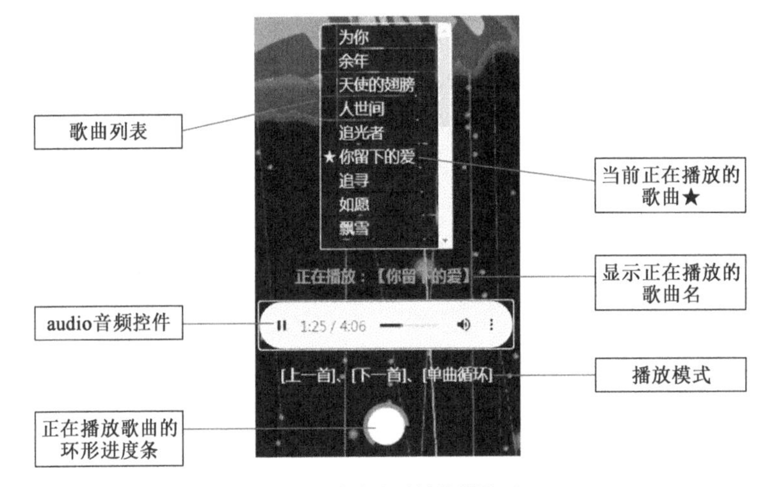

图2-1　在线音乐播放器界面

任务一　在线音乐播放器小程序的样式设计

CSS代码如下:

```
<style type="text/css">
body{
    font-size: 18px;
    color: rgba(196,244,200,1. 00);/*页面字体颜色*/
    background-image: url(bg/bj. gif);/*页面背景图片设置*/
    background-repeat: repeat;/*背景图片以repeat方式平铺整个页面*/
    }
```

```
. sb{
    cursor:pointer;/*指针样式类*/
    }
. ft{
    font-weight:bold;
    color:#06F;
    }
. br{/*歌单列表中每一首歌的显示样式类*/
    border-bottom-style:none;
    border-left-style:none;
    border-right-style:none;
    border-top-style:none;
    background: rgba(13,13,13,1. 00)
    }
. bs{/*歌单列表的绿色实线倒角边框类*/
     border: 1px rgb(196,244,200) solid;
     border-top-left-radius: 10px;/*边框的倒角设置*/
     border-top-right-radius: 10px;
    }
#songdiv
    {/*歌单列表的滚动样式*/
     overflow-y: auto;
     height: 260px;
     width: 156px;
    }
#div1
 {  /*屏幕居中的布局*/
    position: absolute;
    width:100%;
    height:100%;
    text-align:center;
    vertical-align:middle;
 }
</style>
```

任务二　在线音乐播放器小程序的界面设计

```
<!--手机浏览器自适应代码-->
<META name=viewport  content=width=device-width,initial-scale=1. 0,
```

```
minimum-scale=1. 0,maximum-scale=1. 0>
<script>
    //数组musiclist用于保存所有的歌曲名称(可自行准备歌曲资源)
    var musiclist=["为你","余年","天使的翅膀","人世间","追光者","你留下的爱","追寻",
"如愿","飘雪","只要平凡","和你一样","我是你的格桑花","父亲写的散文诗","天下有情人","
人世间钢琴曲","雨的印记","如愿钢琴曲","明天会更好音乐"];
    var i=0;//i变量保存当前正在播放的歌曲在歌曲数组中的序号
</script>
<body>
<table width="100%" height="100%" id="div1"><tr><td align="center">
    <div id="songdiv" class="bs">
       <table><!--用JS编程输出歌曲列表-->
       <script type="text/javascript">
       for(var k=0;k<musiclist. length;k++)//for循环输出处理歌曲数组
       {
          document. writeln("<tr><td class='br' id='cur" + k + "'>");
          if (k==i)
          {
            document. writeln("★");//在歌曲列表中标记当前正在播放的歌曲
          }
       //每行一首歌曲,id为"curr"+k
       document. writeln("</td><td class='sb br' id='curr" +k + "'>"
                                              +musiclist[k]+"</td></tr>");
       }
       </script>
       </table>
    </div>
    <script type="text/javascript">
          //用JS编程输出正在播放的歌曲名,id为music_name
          document. writeln("<p class='ft'>正在播放:【<label id='music_name'>"
                                              + musiclist[i] + "</label>】</p>");
          //用JS编程输出audio音频控件,id为ms,设置src属性为要播放的歌曲
            document. writeln("<audio src='music/" + musiclist[i]
                      + ". mp3' controls autoplay='true' loop='loop' id='ms'></audio>");
    </script>
    <!--上一首、下一首、歌曲播放模式标签,设置可单击的指针样式-->
    <p><label id="pre" class="sb">[上一首]</label>、<label id="next" class="sb">[下一
首]</label>、<label id="xh" class="sb">[单曲循环]</label></p>
    <!--Canvas画布用于绘制单曲播放的环形进度条,正方形的画布-->
```

```
    <canvas  id="canvas" width="60px" height="60px"></canvas>
</td></tr></table>
</body>
```

任务三　在线音乐播放器小程序的程序设计

```
<script>
//绘制单曲播放环形进度条的Canvas的id
var c =document. getElementById("canvas");
var w=c. width/2;
var h=c. height/2;
var ctx = c. getContext("2d");//2D绘图
var msid=document. getElementById("ms");//audio音频控件的id
//显示当前播放的歌曲名的lable的id
var mnid=document. getElementById("music_name");
document. getElementById("next"). onclick=function(){//单击[下一首]事件编程
        var tmpi=i;//保存当前的i
        i+=1;
        if (i>=musiclist. length){i=musiclist. length-1;}
        msid. src="music/"+musiclist[i]+". mp3";//audio中改变当前播放的歌曲
        mnid. innerText=musiclist[i];//改变当前播放的歌曲名
        //在歌曲列表中标记当前正在播放的歌曲
        document. getElementById("cur"+i). innerText="★";
        if(tmpi!=i) {document. getElementById("cur"+tmpi). innerText="";}
}
document. getElementById("pre"). onclick=function(){//单击[上一首]事件编程
        var tmpi=i;//保存当前的i
        i-=1;
        if (i<0){i=0;}
        msid. src="music/"+musiclist[i]+". mp3";//audio中改变当前播放的歌曲
        mnid. innerText=musiclist[i];//改变当前播放的歌曲名
        //在歌曲列表中标记当前正在播放的歌曲
        document. getElementById("cur"+i). innerText="★";
        if(tmpi!=i) {document. getElementById("cur"+tmpi). innerText="";}
}
//单击[单曲循环]切换播放模式事件编程
document. getElementById("xh"). onclick=function(){
       if(this. innerText=="[单曲循环]")
       {
```

```
            this. innerText="[列表循环]";
            msid. loop="";
        }
        else
        {
            this. innerText="[单曲循环]";
            msid. loop="loop";
        }
}
window. setInterval(function(){//定时机制,实现歌曲的列表循环播放
    if(document. getElementById("xh"). innerText=="[列表循环]")
    {
        if(msid. ended)//如果当前歌曲播放完毕
        {
            var tmpi=i;//保存当前的i
            i+=1;//跳到下一首歌曲
            i=i%musiclist. length;//保证在歌曲列表数量范围内,不会超出
            msid. src="music/"+musiclist[i]+". mp3";//audio中改变当前播放的歌曲
            mnid. innerText=musiclist[i]; //改变当前播放的歌曲名
            //在歌曲列表中标记当前正在播放的歌曲
            document. getElementById("cur"+i). innerText="★";
            if(tmpi!=i) {document. getElementById("cur"+tmpi). innerText="";}
        }
    }
    var zsc=msid. duration;//当前正在播放音乐的总时长
    var cursc=msid. currentTime;//正在播放音乐的当前时长
    if (zsc!=0)
    {
//根据正在播放音乐的当前时长和总时长的比例,用Canvas画出环形进度条
        if (c. getContext){
                ctx. beginPath();//开始画图路径
                ctx. clearRect(0,0,w*2,h*2);//清除画布的内容
                ctx. moveTo(w,h);//移动
                //线宽为浅蓝色(0,102,255),0是透明度
                ctx. strokeStyle = 'rgba(0,102,255,0)';
            //画填充弧,Math. round(w*0. 9)为半径,Math. PI*2*(cursc/zsc)为弧度
                ctx. arc(w,h,Math. round(w*0. 9),Math. PI*2*(cursc/zsc),0,false);
                //填充颜色为浅蓝色(0,102,255),0. 8是透明度
                ctx. fillStyle = 'rgba(0,102,255,0. 8)';
```

```
                ctx. fill();//填充
                ctx. closePath();//关闭画图路径
                ctx. stroke();//绘制图形
                ctx. beginPath();
                ctx. strokeStyle = '#ffffff';//线宽为白色,透明度为 1
                //画半径小一点的填充弧进行擦除,形成环形的效果
                ctx. arc(w,h,Math. round(w*0. 7),0,Math. PI*2,false);
                ctx. fillStyle = '#ffffff';//填充颜色为白色,1 是透明度
                ctx. fill();
                ctx. closePath();
                ctx. stroke();
        }
    }
  },10);
for(k=0;k<musiclist. length;k++)
//给单击歌曲列表中的歌曲添加事件,切换被单击的歌曲为当前正在播放的歌曲
{
    document. getElementById("curr"+k). onclick=function(){
        var tmpid=this. id. toString();
        tmpid=tmpid. substring(4);//从 curr10 第 5 个字符直到最后
        var tmpi=i;//保存当前的 i
        i=parseInt(tmpid);//单击的歌曲变成当前的 i
        msid. src="music/"+musiclist[i]+". mp3";//audio 中改变当前正在播放的歌曲
        mnid. innerText=musiclist[i]; //改变当前正在播放的歌曲名
        document. getElementById("cur"+i). innerText="★";
        if(tmpi!=i) {document. getElementById("cur"+tmpi). innerText="";}
    }
}
</script>
```

案例小结

以上是在线音乐播放器小程序基本功能的实现,在此基础上可以继续完善播放器背景和样式设置、音乐分类、音乐搜索、播放模式、后台管理、权限管理、付费管理等功能。在线音乐播放器小程序种类繁多、各具特色。用户可以根据自己的需求和喜好选择合适的小程序来享受音乐带来的愉悦体验。同时,随着信息技术的不断发展和用户需求的变化,这些小程序也将不断升级,并完善其功能和服务。

案例三

电子时钟小程序

案例描述

电子时钟小程序是一种轻量级的应用形式，几乎所有的移动终端设备都会有自带的电子时钟小程序。本案例将以文字和模拟时钟动画同步显示的方式显示当前时间，同时还能实现计时和倒计时功能。

案例功能分析

通过编程以文字(格式如“2024年7月23日 13:51:27星期二”)和模拟时钟动画形式显示当前时间，以及实现计时和倒计时功能。实现模拟时钟动画通常有以下两种方法。

(1)通过Canvas画图函数实现动画时钟，如图3-1所示。

(2)通过编程控制图片旋转实现动画时钟，如图3-2所示。

电子时钟
小程序的演示

电子时钟
小程序的设计

2024年7月23日 13:51:27 星期二

12 3 6 9

图3-1　画图实现动画时钟

图3-2　控制图片旋转实现动画时钟

0 时 3 分

顺时 逆时

图3-3　计时功能界面

计时功能界面如图3-3所示。在横线上输入时、分、秒数值，选择逆时或顺时，单击“开始计时”按钮，此时按钮变为“停止计时”。在计时结束前，单击该按钮可暂停计时。

以上功能均在电子时钟小程序主文件index. html中实现。

任务一　电子时钟小程序的样式设计

CSS代码如下：

```
<style type="text/css">
body {
      font-size: 20px;
      font-weight: bold;
}
. in {/*计时功能中时、分、秒输入框的样式类*/
      border-left-style:none;/*输入框的左右顶部无边框*/
      border-right-style:none;
```

```
        border-top-style:none;
        border-bottom-style:solid;/*输入框的底边为黑色的实线*/
        border-bottom-color:#000;
        text-align:center;
        width:60px;
        font-size: 20px;
}
#drawing{/*用画图实现模拟时钟动画Canvas画板的样式*/
         border:0px solid #d3d3d3;
}
#bp{/*用于放置表盘和时、分、秒针图片的层容器的样式*/
      position:relative;/*相对布局固定*/
      text-align:center;
      background-color:#fff;
      width:400px;
      height:400px;
}
. sfm{/*表盘和时、分、秒针图片的样式类*/
      position:absolute;/*绝对布局,可以任意旋转和移动*/
      left:0px;/*初始位置*/
      top:0px;
}
</style>
```

任务二　电子时钟小程序的界面设计

小贴士

电子时钟的表盘背景和时、分、秒针图片素材下载地址：

http://14. 116. 207. 34:880/lb/download/pic. rar

```
<!--手机浏览器自适应代码-->
<META name=viewport  content=width=device-width,initial-scale=1. 0,
minimum-scale=1. 0,maximum-scale=1. 0>
<body>
<table width="100%" border="0" cellspacing="10" cellpadding="10">
   <tr><td id="sj" align="center">现在是:</td></tr> <!--文字时间显示行-->
  <tr>
   <td style="text-align:center;">
```

```
        <!--用画图实现模拟时钟动画Canvas,id为drawing-->
        <canvas id="drawing" width="400" height="400"></canvas>
      </td>
    </tr>
    <tr>
      <td align="center">
        <div id="bp" ><!--用于放置表盘和时、分、秒针图片的层容器,id为bp-->
          <!--表盘,id为bj,z-index:1表示放置在最底层-->
          <img id="bj" src="bj. png" style="z-index:1;" class="sfm">
          <!--秒针,id为mz-->
          <img id="mz" src="m11. png" style="z-index:4;" class="sfm">
          <!--分针,id为fz-->
          <img id="fz" src="f11. png" style="z-index:3;" class="sfm">
          <!--时针,id为sz-->
          <img id="sz" src="s11. png" style=";z-index:2;" class="sfm">
        </div>
      </td>
    </tr>
    <tr>
      <td align="center"><!--计时功能的界面-->
      <input type="text" name="s" id="s" class="in"/>时
      <input type="text" name="f" id="f" class="in"/>分
      <input type="text" name="m" id="m" class="in"/>秒
    </td>
    </tr>
    <tr><td align="center">
      <input type="radio" id="js1" name="js" value="1" />顺时
      <input type="radio" id="js2" name="js" value="2" checked="checked" />逆时
    </td></tr>
   <tr>
    <td align="center"><input id="start" type="button" value="开始计时" /></td>
   </tr>
  </table>
  </body>
```

任务三　电子时钟小程序的程序设计

```
<script type="text/javascript" src="jquery-3. 1. 1. min. js"></script>
<script>
```

```
function img_rotate(tmpid,jd)//旋转图片自定义函数
{//不同浏览器旋转图片指令有所不同,以下是兼容常用浏览器的编程
    $("#"+tmpid). css("transform","rotate(" + jd + "deg)");
    /*Internet Explorer浏览器的指令*/
    $("#"+tmpid). css("-ms-transform","rotate(" + jd + "deg)");
    /*Firefox浏览器的指令*/
    $("#"+tmpid). css("-moz-transform","rotate(" + jd + "deg)");
    /*Safari和Chrome浏览器的指令*/
    $("#"+tmpid). css("-webkit-transform","rotate(" + jd + "deg)");
    /*Opera浏览器的指令*/
    $("#"+tmpid). css("-o-transform","rotate(" + jd + "deg)");
}

//以下定义编程用到的变量
var dw=400,dh=400,x=dw/2,y=dh/2,r=150,pi=Math. PI;//画布的长、宽、圆心和半径
var drawing = document. getElementById('drawing');
//秒、分、时针的高度和宽度
var mz_imgw=16,mz_imgh=367,fz_imgw=16,fz_imgh=367;
var sz_imgw=16,sz_imgh=281;
drawing. height=dh;//画布的长度和宽度
drawing. width=dw;

if (drawing. getContext){//开始画表盘(含刻度)和输出表盘上的数字3,6,9,12
        var context = drawing. getContext('2d');//2D画图
        //画不填充的圆形
        context. beginPath();//开始画图路径
        context. strokeStyle="#0000ff";//描边颜色
        context. lineWidth=5;//线宽
        context. arc(x,y,r,0,2*pi,false);//画靠外的大圆
        context. closePath();//关闭画图路径
        context. stroke();//绘制图形
        //以下画刻度
        for(var i=0;i<360;i+=6)//每隔6°,秒针每走1s旋转6°
        {
            context. beginPath();
            context. moveTo(x, y);
            if(i%30==0) {context. lineWidth=5;}//每30°加粗线宽,表示1~12
            else {context. lineWidth=1;}
            //用圆方程定位,从圆形到圆轨迹画直线,以便形成刻度
            context. lineTo(x+Math. round(r*Math. cos(i*pi/180)),
```

```
                        y+Math. round(r*Math. sin(i*pi/180)));
                context. closePath();
                context. stroke();//绘制图形
            }
            context. beginPath();
            //画小一点的填充圆,用于擦除多余的线,画出环的效果
            context. arc(x,y,Math. round(r*0. 9),0,pi*2,false);
            context. lineWidth=1;//线宽
            context. strokeStyle = '#00f';//描边颜色
            context. fillStyle = 'rgba(255,255,255,1)';//填充颜色,1是透明度
            context. fill();//填充
            context. closePath();
            context. stroke();//绘制图形
            //以下输出数字3,6,9,12
            context. beginPath();
            context. fillStyle = "#0000ff"; //填充颜色为蓝色
            context. font="20px 隶体 bold";//设置字体样式,粗体
            context. fillText("12",190,42);//190是水平位置x,42是垂直位置y
            context. fillText("6",195,370);
            context. fillText("3",355,210);
            context. fillText("9",33,210);
            context. closePath();
            context. stroke();//绘制图形
}//画表盘结束

function showsj()//显示时间的自定义函数,包括文字时间和模拟时钟动画
{
  var date=new Date();//创建时间对象,用于输出文字时间
  var years=date. getFullYear();//年
  var months=date. getMonth()+1;//月
  var days=date. getDate();//日

  var hh=date. getHours();//时
  var hh_str=hh. toString();
  if(hh<10) {hh_str="0"+hh;}//保证2位,不够的前面补0

  var mm=date. getMinutes();//分
  var mm_str=mm. toString();
  if(mm<10) {mm_str="0"+mm;}
```

```
var ss=date. getSeconds();//秒
var ss_str=ss. toString();
if(ss<10) {ss_str="0"+ss;}

var weeks=date. getDay();//星期几,返回数字0~6
switch(weeks)
{
    case 0:
        zhou="星期日";
        break;
    case 1:
        zhou="星期一";
        break;
    case 2:
        zhou="星期二";
        break;
    case 3:
        zhou="星期三";
        break;
    case 4:
        zhou="星期四";
        break;
    case 5:
        zhou="星期五";
        break;
    case 6:
        zhou="星期六";
        break;
}
var tmpstr=years + "年" + months + "月" + days + "日 "
            + hh_str + ":" + mm_str + ":" + ss_str + " " + zhou;
document. getElementById("sj"). innerText=tmpstr;//显示文字时间
//以下显示画图的模拟时钟动画
//先通过画填充圆擦除上一秒的时、分、秒针
context. beginPath();
context. arc(x,y,Math. round(r*0. 85),0,6. 28,false);
context. strokeStyle = '#ffffff';//描边白色
 context. fillStyle = 'rgba(255,255,255,1)';//填充颜色,1是透明度
 context. fill();//填充
context. closePath();
```

```
    context. stroke();//绘制图形,擦除完成
    //画秒针
    context. beginPath();
    context. strokeStyle='#ff0000';//描边白色
    context. lineWidth=1;//线宽
    context. moveTo(x,y);//从圆心开始画表示秒针的线
    var mzds=ss*6-90;//用90°纠正,秒针的旋转角度
    //用圆方程定位,从圆形到圆轨迹画直线,表示秒针
    context. lineTo(x+Math. round(r*0. 85*Math. cos(mzds*pi/180)),
                    y+Math. round(r*0. 85*Math. sin(mzds*pi/180)));
    context. closePath();
    context. stroke();//绘制图形
    //画分针
    context. beginPath();
    context. strokeStyle='#00ff00';//描边绿色
    context. lineWidth=3;//线宽
    context. moveTo(x,y);//从圆心开始画表示分针的线
    var fzds=mm*6-90;//用90°纠正,分针的旋转角度
    //用圆方程定位,从圆形到圆轨迹画直线,表示分针
    context. lineTo(x+Math. round(r*0. 7*Math. cos(fzds*pi/180)),
                    y+Math. round(r*0. 7*Math. sin(fzds*pi/180)));
    context. closePath();
    context. stroke();//绘制图形
    //画时针
    context. beginPath();
    context. strokeStyle='#0000ff';//描边红色
    context. lineWidth=5;//线宽
    context. moveTo(x,y);//从圆心开始画表示时针的线
    var szds=(hh*30+(mm*6*30/360))-90;//用90°纠正,时针的旋转角度
    //用圆方程定位,从圆形到圆轨迹画直线,表示时针
    context. lineTo(x+Math. round(r*0. 5*Math. cos(szds*pi/180)),
                    y+Math. round(r*0. 5*Math. sin(szds*pi/180)));
    context. closePath();
    context. stroke();//绘制图形。至此,画图的模拟时钟动画结束
    //以下是旋转图片模拟时钟动画,旋转图片无须90°纠正
    img_rotate("mz",ss*6);//秒针图片旋转
    img_rotate("fz",mm*6);//分针图片旋转
    img_rotate("sz",szds+90);//时针图片旋转
}//显示时间的函数结束
```

```
//开始给表盘背景和时、分、秒针图片设置大小
document. getElementById("bj"). width=dw;//表盘背景图片的宽度和高度
document. getElementById("bj"). height=dh;
document. getElementById("mz"). width=mz_imgw;//秒针图片的宽度和高度
document. getElementById("mz"). height=mz_imgh;
document. getElementById("fz"). width=fz_imgw;//分针图片的宽度和高度
document. getElementById("fz"). height=fz_imgh;
document. getElementById("sz"). width=sz_imgw;//时针图片的宽度和高度
document. getElementById("sz"). height=sz_imgh;
//放置表盘和时、分、秒针图片的层容器的宽度和高度
document. getElementById("bp"). style. widht=dw+"px";
document. getElementById("bp"). style. height=dh+"px";
//设置秒针图片在层容器中的位置,水平垂直居中
document. getElementById("mz"). style. left=(dw-mz_imgw)/2+"px";
document. getElementById("mz"). style. top=(dh-mz_imgh)/2+"px";
//设置分针图片在层容器中的位置,水平垂直居中
document. getElementById("fz"). style. left=(dw-fz_imgw)/2+"px";
document. getElementById("fz"). style. top=(dh-fz_imgh)/2+"px";
//设置时针图片在层容器中的位置,水平垂直居中
document. getElementById("sz"). style. left=(dw-sz_imgw)/2+"px";
document. getElementById("sz"). style. top=(dh-sz_imgh)/2+"px";

var id=setInterval("showsj()",1000);//每隔1s运行一次显示时间函数

//以下实现计时功能
var id1=0;
function js()//计时自定义函数
{    //将输入的数字字符转变为数字,以便后面计算
     var s=parseInt(document. getElementById("s"). value);
     var f=parseInt(document. getElementById("f"). value);
     var m=parseInt(document. getElementById("m"). value);
     if (isNaN(s)){s=0;}//非数字输入,置为0
     if (isNaN(f)){f=0;}
     if (isNaN(m)){m=0;}
     var nums=m+f*60+s*3600;//将输入的时、分、秒,先核算为总秒数nums
     if(document. getElementById("js1"). checked)
     {
       nums+=1;//顺时计时加1
     }
     else
```

```
            {
              nums-=1;//逆时计时减 1
              if (nums<=0) {//计时结束
                  clearInterval(id1);//停止计时
                  Id1=0;//复位所有变量
                  nums=0;
                  document. getElementById("start"). value="开始计时";
                  alert("时间到!");
              }
            }
            //将总秒数转换成时、分、秒,总秒数除以3600,所得整数部分为小时
            document. getElementById("s"). value=Math. floor(nums/3600);
            //总秒数除以3600的余数,再除以60,所得整数部分为分
            document. getElementById("f"). value=Math. floor((nums%3600)/60);
            //总秒数除以3600的余数,再除以60,所得余数部分为秒
            document. getElementById("m"). value=(nums%3600)%60;
        }//计时自定义函数结束
        //以下为单击"开始计时"按钮事件
        document. getElementById("start"). onclick=function(){
            if (this. value=="开始计时")
            {
                this. value="停止计时";
                Id1=setInterval("js()",1000);//每隔1s运行一次计时函数
            }
            else
            {
                this. value="开始计时";
                clearInterval(id1);//停止计时函数
                Id1=0;
            }
        }
    </script>
```

案例小结

以上是电子时钟小程序基本功能的实现，在此基础上可以进一步完善样式设置、闹钟、日历、节假日提醒等功能。电子时钟小程序是一种实用且便捷的时间管理工具，它通过提供多种时间管理功能来满足用户的日常需求。随着信息技术的不断发展和用户需求的变化，这些小程序的功能和服务也将不断完善和优化。

案例四

画图小程序

案例描述

画图小程序是一类基于互联网技术的应用程序，它们允许用户在网页或移动设备上直接进行绘画创作。这些小程序通常集成了多种绘画工具和素材，为用户提供了丰富的功能和便捷的操作体验。本案例是基于HTML5的Canvas对象编程，实现了简单的画图功能。

案例功能分析

通过鼠标事件和触屏事件编程并结合Canvas的画图函数，实现在Canvas中拖动鼠标可以画任意线、直线、方形、圆形，以及橡皮擦擦除的功能，也可以实现在Canvas的闭合图形区域中单击鼠标来填充该区域。在Canvas上单击鼠标右键，在弹出的快捷菜单中选择“图片另存为”命令，即可将所画图像保存到本地。图4-1所示为画图小程序界面。

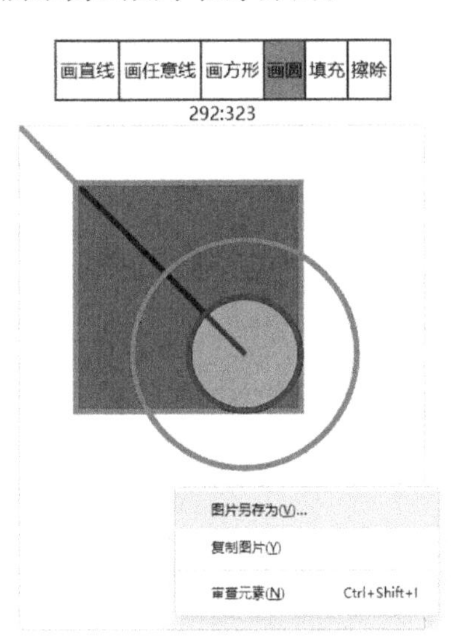

图4-1 画图小程序界面

任务一 画图小程序的界面设计

```
<!--手机浏览器自适应代码-->
<META name=viewport content=width=device-width,initial-scale=1. 0,
minimum-scale=1. 0,maximum-scale=1. 0>
<body>
<table width="100%" border="0" cellspacing="0" cellpadding="0">
      <tr>
        <td align="center">
             <table width="300" border="1" cellspacing="0" cellpadding="0">
              <tr align="center" style="cursor:pointer;">
```

```
            <!--以下是画图工具栏,id为h1 ~ h6-->
            <td height="50" id="h1">画直线</td>
            <td id="h2">画任意线</td>
            <td id="h3">画方形</td>
            <td id="h4">画圆</td>
            <td id="h5">填充</td>
            <td id="h6">擦除</td>
          </tr>
        </table>
    </td>
  </tr>
  <tr>
      <td style="text-align: center"><!--以下是Canvas画图对象,id为drawing-->
          <canvas id="drawing" width="350" height="350"
                  style="border:1px solid #d3d3d3;"></canvas>
      </td>
  </tr>
</table>
</body>
```

任务二　画图小程序的程序设计

```
<script>
  var curr=1;//初始化第一个画图工具为当前工具:画直线,id为h1
  document. getElementById("h1"). style. background="#f00";
  //以下是通过for循环为每个画图工具添加单击事件
  for(var j=1;j<=6;j++)
    {
        document. getElementById("h"+j). onclick=function(){
            //清空所有工具的背景颜色
            document. getElementById("h"+curr). style. background="";
            this. style. background="#f00";//选中工具设置背景色为红色
            curr=parseInt(this. id. substring(1),10);//单击的是当前工具
        };
    }//为每个画图工具添加单击事件结束
  //全局变量的定义和初始化设置
  var dw=window. innerWidth*0. 9,dh=window. innerHeight*0. 8;//画布的长度和宽度
  //isdown标记是否按下鼠标,xdown和ydown记录鼠标被按下时的位置
  var isdown=0,xdown=0,ydown=0;
```

```
var oldcanvas=null;//用于保存鼠标移动前绘画的图形
var drawing = document. getElementById('drawing');
drawing. height=dh;//设置画板的高度
drawing. width=dw;//设置画板的宽度
//以下是获取context对象x、y位置颜色值的自定义函数
function getPixelColor(context,x,y)
{
    var rgba = context. getImageData(x, y, 1, 1). data;//获取x、y对应的颜色数据
    var red = rgba[0];//RGB中的红色值
    var green = rgba[1];//RGB中的绿色值
    var blue = rgba[2];//RGB中的蓝色值
    var c1="rgba("+red+","+green+","+blue+",1)";//组合成标准的RGBA颜色值
    return c1;
}
//以下是填充封闭区域的自定义函数
//参数screen是document. getElementById('canvasid')指定的对象
//参数x、y是鼠标单击的位置,w、h是画板的宽度和高度
//参数fillcolor是填充封闭区域的颜色值
function myfill(screen,x,y,w,h,fillcolor)
{
        var context=screen. getContext('2d');//2D画图
        var c1=getPixelColor(context,x,y);//获取点(x,y)对应的颜色值
        if(fillcolor==c1)//如果鼠标单击的地方与填充的颜色一样就退出
        {
        document. getElementById('drawing'). style. cursor="";//重置为默认
        return;
        }
        list1=[];//保存要填充的点列表
        list1. unshift([x,y]);//将点插入头部
        var tmp=null;//保存一个点的临时的空列表
        var cous=0;//已经画的点个数,由于在网页中运行,对运行内存有限制,
                    //所以不能太大,否则会产生溢出错误
        while(list1. length>0)//遍历填充列表开始
        {
            tmp=null;
            tmp=list1. pop();//从列表中弹出最后一个点去填充
            //画这个点
            context. beginPath();
            context. fillStyle = fillcolor;//填充颜色,如RGBA(255,0,0,1),其中1表示透明度
```

```
//填充一个长、宽均为1的矩形,表示画一个点
context. fillRect(tmp[0],tmp[1],1,1);
context. closePath();
context. stroke();//绘制图形
//画点结束
cous+=1;//已画的点的个数加1
if(cous>50000){break;}//规定已画的点的个数不能超过5万个
//以下为判断上面所画右、左、下、上4个方向的点,是否为要填充的点
//如果是,则将其插入填充列表list1中
if(tmp[0]+1<w)//判断右边的点,是否为要填充的点
{ //该点的颜色与鼠标单击位置的颜色相同,且不在list1列表中
   if((getPixelColor(context,tmp[0]+1,tmp[1])==c1)&&
                 (!(isatarray([tmp[0]+1,tmp[1]],list1))))
   {
      list1. unshift([tmp[0]+1,tmp[1]]);//将该点插入填充列表的头部
   }
}

if(tmp[0]-1>0)//判断左边的点,是否为要填充的点
{ //该点的颜色与鼠标单击位置的颜色相同,且不在list1列表中
   if((getPixelColor(context,tmp[0]-1,tmp[1])==c1)&&
                 (!(isatarray([tmp[0]-1,tmp[1]],list1))))
   {
       list1. unshift([tmp[0]-1,tmp[1]]);//将该点插入填充列表的头部
   }
}//遍历填充列表结束

if(tmp[1]+1<h)//判断下边的点,是否为要填充的点
  { //该点的颜色与鼠标单击位置的颜色相同,且不在list1列表中
         if((getPixelColor(context,tmp[0],tmp[1]+1)==c1)&&
                       (!(isatarray([tmp[0],tmp[1]+1],list1))))
         {
         list1. unshift([tmp[0],tmp[1]+1]);//将点插入填充列表的头部
         }
  }

  if(tmp[1]-1>0)//判断上边的点,是否为要填充的点
  { //该点的颜色与鼠标单击位置的颜色相同,且不在list1列表中
     if((getPixelColor(context,tmp[0],tmp[1]-1)==c1)&&
                   (!(isatarray([tmp[0],tmp[1]-1],list1))))
```

```
                {
                  list1. unshift([tmp[0],tmp[1]-1]);//将点插入填充列表的头部
                }
            }
        }
        document. getElementById('drawing'). style. cursor="";//重置为默认
}//自定义填充函数结束

//以下是拖动鼠标画图
drawing. onmousedown=function(event){
        isdown=1;//表示在画板上按下了鼠标
        var rectobj=this. getBoundingClientRect();//获取物体相对于文档元素的位置
        var e = event || window. event;//获取鼠标事件对象
        xdown=e. clientX-rectobj. left;//保存按下鼠标时的位置值xdown、ydown
        ydown=e. clientY-rectobj. top;
};
drawing. onmousemove=function(event){//鼠标移动事件
        if(isdown==0){return;}//没有按下鼠标的移动就忽略
        var rectobj=this. getBoundingClientRect();//获取物体相对于文档元素的位置
        var e = event || window. event;//获取鼠标事件对象
        var tmpx=e. clientX-rectobj. left;//保存按下鼠标移动过程的位置值tmpx、tmpy
        var tmpy=e. clientY-rectobj. top;
        if (drawing. getContext) {
            var context = drawing. getContext('2d');
            switch(curr)
            {
                case 1://画直线
                {
                    if (oldcanvas!=null)//如果oldcanvas不为空就先恢复oldcanvas
                    {
                     var clone=new
                        ImageData(new Uint8ClampedArray(oldcanvas. data), dw, dh);
                     //将oldcanvas中保存的画图数据恢复
                     context. putImageData(clone, 0, 0);
                    }
                    //保存当前Canvas的画图数据到oldcanvas中
                    oldcanvas = context. getImageData(0, 0, dw, dh);
                    context. beginPath();
                    context. moveTo(xdown, ydown);//移动到画线的起点
```

```
        context. strokeStyle="#ff0000";//设置描边颜色
        context. lineWidth=5;//设置线宽
        context. lineTo(tmpx, tmpy);//画线的结束点
        context. closePath();
        context. stroke();//绘制图形
        break;
    }
    case 2://画任意线和擦除
    case 6:
    {
        context. beginPath();
        context. moveTo(xdown, ydown);
        context. strokeStyle="#ff0000";//设置描边颜色,即画图颜色
        if(curr==6){context. strokeStyle="#ffffff";}//擦除颜色为背景白色
        context. lineWidth=5;//设置线宽
        context. lineTo(tmpx, tmpy);
        context. closePath();
        context. stroke();//绘制图形
        xdown=tmpx;//立即更新当前点为起点
        ydown=tmpy;
        break;
    }
   case 3://画方形
   {
        if (oldcanvas!=null)//如果oldcanvas不为空就先恢复oldcanvas
        {
         var clone=new
           ImageData(new Uint8ClampedArray(oldcanvas. data), dw, dh);
         //将oldcanvas中保存的画图数据恢复
         context. putImageData(clone, 0, 0);
        }
        //保存当前Canvas的画图数据到oldcanvas中
        oldcanvas = context. getImageData(0, 0, dw, dh);
        context. beginPath();
        context. strokeStyle="#ff0000";//设置描边颜色
        context. lineWidth=5;//设置线宽
        //画方形,参数为(x,y,width,height)
        context. strokeRect(xdown,ydown,tmpx-xdown,tmpy-ydown);
        context. closePath();
```

```
                context. stroke();//绘制图形
                break;
            }
            case 4://画圆
            {
                if (oldcanvas!=null)//如果oldcanvas不为空就先恢复oldcanvas
                {
                 var clone=new
                   ImageData(new Uint8ClampedArray(oldcanvas. data), dw, dh);
                 //将oldcanvas中保存的画图数据恢复
                 context. putImageData(clone, 0, 0);
                }
                //保存当前Canvas的画图数据到oldcanvas中
                oldcanvas = context. getImageData(0, 0, dw, dh);
                context. beginPath();
                context. strokeStyle="#ff0000";//设置描边颜色
                context. lineWidth=5;//设置线宽
                //求半径r,Math. sqrt表示求平方根
                //Math. pow(x,n)用于求x的n次方
                var r=Math. sqrt(Math. pow((xdown-tmpx),2)+
                                Math. pow((ydown-tmpy),2));
                context. arc(xdown,ydown,r,0,Math. PI*2,false);//画圆
                context. closePath();
                context. stroke();//绘制图形
                break;
            }
        }//switch语句结束
    }//if语句结束
};
drawing. onmouseup=function(){
    isdown=0; //鼠标弹起,恢复成鼠标没有按下的状态
    oldcanvas=null;//临时保存画图过程数据的变量要恢复置空
    if(curr==5)//填充操作
    {
     document. getElementById('drawing'). style. cursor="wait";//鼠标样式等待
     setTimeout(function(){
                    myfill(drawing,xdown,ydown,dw,dh,"rgba(255,0,0,1)");
               },100);//调用自定义的填充函数
    }
```

```
};
//鼠标离开画布事件
drawing. onmouseout=function(){isdown=0;oldcanvas=null;};
//鼠标画图结束

//以下是适应手机浏览器的画图事件,手指触屏的相关事件
drawing. addEventListener('touchstart', function(e){//监听触屏开始事件
    isdown=1;//触屏标记为1
    var rectobj=this. getBoundingClientRect();//获取物体相对于文档元素的位置
    xdown=e. touches[0]. clientX-rectobj. left;//刚触屏的水平位置xdown
    ydown=e. touches[0]. clientY-rectobj. top;//刚触屏的垂直位置ydown
    if(curr==5)//填充操作
    {
     document. getElementById('drawing'). style. cursor="wait";//鼠标样式等待
     setTimeout(function(){
                    myfill(drawing,xdown,ydown,dw,dh,"rgba(255,0,0,1)");
            },100);//调用自定义的填充函数
    }
    event. preventDefault();//阻止事件上抛给浏览器,防止手指滑屏
}, false);
drawing. addEventListener('touchmove', function(e){//监听触屏移动事件
    if(isdown==0){return;}//没有触屏就忽略
    var rectobj=this. getBoundingClientRect();//获取物体相对于文档元素的位置
    //保存触屏移动过程的位置值tmpx、tmpy
    var tmpx=e. touches[0]. clientX-rectobj. left;
    var tmpy=e. touches[0]. clientY-rectobj. top;
    if (drawing. getContext) {
     var context = drawing. getContext('2d');
     switch(curr)
      {
         case 1://画直线
         {
            if (oldcanvas!=null)//如果oldcanvas不为空就先恢复oldcanvas
            {
             var clone=new
               ImageData(new Uint8ClampedArray(oldcanvas. data), dw, dh);
             //将oldcanvas中保存的画图数据恢复
             context. putImageData(clone, 0, 0);
            }
```

```
        //保存当前Canvas的画图数据到oldcanvas中
        oldcanvas = context. getImageData(0, 0, dw, dh);
        context. beginPath();
        context. moveTo(xdown, ydown);//移动到画线的起点
        context. strokeStyle="#ff0000";//设置描边颜色
        context. lineWidth=5;//设置线宽
        context. lineTo(tmpx, tmpy);//画线的结束点
        context. closePath();
        context. stroke();//绘制图形
        break;
    }
    case 2://画任意线和擦除
    case 6:
    {
        context. beginPath();
        context. moveTo(xdown, ydown);
        context. strokeStyle="#ff0000";//设置描边颜色,即画图颜色
        if(curr==6){context. strokeStyle="#ffffff";}//擦除颜色为背景白色
        context. lineWidth=5;//设置线宽
        context. lineTo(tmpx, tmpy);
        context. closePath();
        context. stroke();//绘制图形
        xdown=tmpx;//立即更新当前点为起点
        ydown=tmpy;
        break;
    }
   case 3://画方形
  {
        if (oldcanvas!=null)//如果oldcanvas不为空就先恢复oldcanvas
        {
         var clone=new
           ImageData(new Uint8ClampedArray(oldcanvas. data), dw, dh);
         //将oldcanvas中保存的画图数据恢复
         context. putImageData(clone, 0, 0);
        }
        //保存当前Canvas的画图数据到oldcanvas中
        oldcanvas = context. getImageData(0, 0, dw, dh);
        context. beginPath();
        context. strokeStyle="#ff0000";//设置描边颜色
```

```
                context. lineWidth=5;//设置线宽
                //画方形,参数为(x,y,width,height)
                context. strokeRect(xdown,ydown,tmpx-xdown,tmpy-ydown);
                context. closePath();
                context. stroke();//绘制图形
                break;
            }
            case 4://画圆
        {
                if (oldcanvas!=null)//如果oldcanvas不为空就先恢复oldcanvas
                {
                 var clone=new
                    ImageData(new Uint8ClampedArray(oldcanvas. data), dw, dh);
                 //将oldcanvas中保存的画图数据恢复
                 context. putImageData(clone, 0, 0);
                }
                //保存当前Canvas的画图数据到oldcanvas中
                oldcanvas = context. getImageData(0, 0, dw, dh);
                context. beginPath();
                context. strokeStyle="#ff0000";//设置描边颜色
                context. lineWidth=5;//设置线宽
                //求半径r,Math. sqrt表示求平方根
                //Math. pow(x,n)用于求x的n次方
                var r=Math. sqrt(Math. pow((xdown-tmpx),2)+
                                    Math. pow((ydown-tmpy),2));
                context. arc(xdown,ydown,r,0,Math. PI*2,false);//画圆
                context. closePath();
                context. stroke();//绘制图形
                break;
            }
        }//switch语句结束
      }//if语句结束
      event. preventDefault();//阻止事件上抛给浏览器,防止手指滑屏
    }, false);
    drawing. addEventListener('touchend', function(e){//监听触屏结束事件
        isdown=0; //恢复为没有触屏
        oldcanvas=null;//临时保存画图过程数据的变量要恢复置空
    }, false);
</script>
```

案例小结

以上是画图小程序基本功能的实现,在此基础上可以进一步完善多种绘画工具,如画笔、铅笔、水彩笔、马克笔等,以模拟真实画笔效果。用户还可以自由选择内置素材(包括背景、图案、贴纸等)并将其应用到作品中,以丰富创作内容。同时,画图小程序还可以提供多种绘画风格供用户选择,如二次元、插画、卡通、写实等,以满足不同用户的绘画需求。

案例五

登录验证码小程序

案例描述

Web前端登录验证码是一种在Web登录界面常用的安全措施，用于区分人类用户和自动化程序（如机器人、脚本等）。这类程序在登录页面生成一次性验证码，要求用户在登录时输入正确的验证信息以完成身份验证。为防止登录端的暴力破解、人工智能破解等手段，登录验证码在视觉效果上会设计成机器难以分辨和识别的形式。本案例将详细介绍3种常用的登录验证码生成方法。

案例功能分析

通过编程生成随机数字，并结合模糊化和颗粒化视觉效果的背景图片，实现3种常用的登录验证码：随机算式登录验证码、单击颜色匹配登录验证码和拖动位置匹配登录验证码。

> **小贴士**
>
> 模糊化和颗粒化背景图片的下载地址：
> http://14. 116. 207. 34:880/lb/download/bj. jpg

任务一　实现随机算式登录验证码的编程

图5-1所示为随机算式登录验证界面。

登录验证码
小程序的演示

登录验证码
小程序的设计

登录界面
用户
密码
验证 =?
提交 重置

图5-1　随机算式登录验证界面

1. CSS代码

```
<style type="text/css">
body {
    font-size: 16px;
    font-weight: bold;
    margin-top:100px;/*页面顶部边距*/
```

```
}
. dl{/*登录标题框的样式*/
  background-color:#3CF;
  border-top-left-radius:20px;/*左上倒角设置*/
  border-top-right-radius:20px/*右上倒角设置*/
}
. tts{
      border:2px solid #3CF;/*边框样式*/
}
. ins{
      border-top-style:none;/*输入框无顶部边框*/
      border-left-style:none;/*输入框无左边框*/
      border-right-style:none;/*输入框无右边框*/
      width:200px;/*输入框的宽度*/
}
#yzm{/*验证码标签的样式*/
      color:#E85CE7;
      background-image:url(bj. jpg);/*设置模糊化和颗粒化背景*/
      padding:5px;
}
</style>
```

2. HTML 主要代码

```
<!--手机浏览器自适应代码-->
<META name=viewport  content=width=device-width,initial-scale=1. 0,
minimum-scale=1. 0,maximum-scale=1. 0>
<body>
<!--return check()检查输入验证码的 JS 函数-->
<form id="form1" name="form1" method="post" onSubmit="return check()">
<table width="300" border="0" align="center" cellpadding="0" cellspacing="0">
  <tr><td height="50" align="center" class="dl">登录界面</td></tr>
  <tr>
    <td height="50">
    <table width="300" border="0" cellspacing="0" cellpadding="0" class="tts">
      <tr>
        <td width="70" height="50" align="right">用 户 </td>
        <td width="230" height="50">
          <input type="text" name="user" id="user" class="ins" />
        </td>
```

```
    </tr>
    <tr>
      <td height="50" align="right">密 码 </td>
      <td height="50">
        <input name="pwd" type="password" id="pwd" class="ins" />
      </td>
    </tr>
    <tr>
      <td height="50" align="right">验 证 </td>
      <td height="50"><!--验证码所在行,其他验证方式改变此行里的内容即可-->
        <input name="yz" type="text" id="yz" style="width:80px;"/>
        <!--验证码所在标签 id 为 yzm-->
        <label id="yzm" ></label><label>=?</label>
    </td><!--验证码所在行结束-->
    </tr>
    <tr>
      <td height="50" colspan="2" align="center">
        <input type="submit" name="tj" id="tj" value="提交" />  
        <input name="cz" type="reset" value="重置" />
      </td>
    </tr>
   </table>
   </td>
  </tr>
</table>
</form>
</body>
```

3. JS程序代码

```
function getyzm()//生成验证码自定义函数
{ //随机生成数字1~10的加法算式
   document. getElementById("yzm"). innerText=
               Math. floor(Math. random()*10)+"+"+Math. floor(Math. random()*10);
}
getyzm();//调用生成验证码
//单击验证码标签将重新生成验证码
document. getElementById("yzm"). onclick=function(){getyzm();}
function check()//检查输入验证码的自定义函数
{
```

```
    var tmp1=document. getElementById("user"). value;
    var tmp2=document. getElementById("pwd"). value;
    tmp1=tmp1. replace(/ /g,"");//替换全部空格
    tmp2=tmp2. replace(/ /g,"");//替换全部空格
    if((tmp1=="")||(tmp2==""))
    {
        alert("用户名或密码不能为空!");
        return false;
    }
    else
    {
        if(document. getElementById("yz"). value! =eval(document. getElementById("yzm").
innerText))//用eval()函数计算出随机算式的值,并与用户输入的值比较
        {
            alert("验证答案错误!");
            getyzm();
            return false;
        }
        else
        {
            alert("进入!");
            return true;
            }
        }
}
</script>
```

任务二 实现单击颜色匹配登录验证码的编程

图5-2所示为单击颜色匹配登录验证界面。

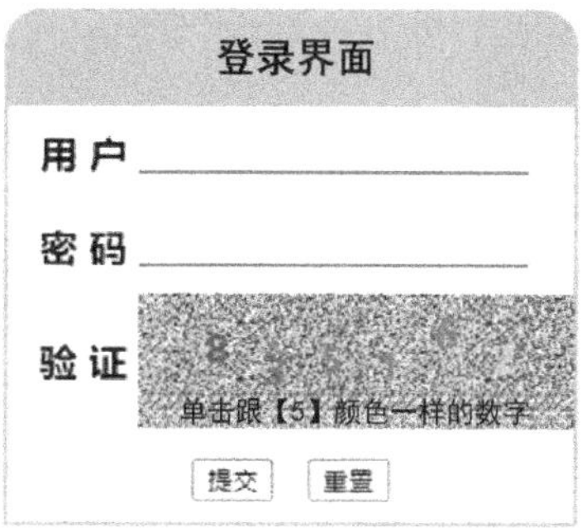

图5-2 单击颜色匹配登录验证界面

1. CSS代码

CSS代码与任务一中的CSS代码相同。

2. HTML主要代码

改变任务一中的验证码所在行即可。

```
<!--验证码所在行,其他验证方式改变此行里的内容即可-->
<td height="50" align="center"
                 style="position:relative;background-image:url(bj. jpg);">
  <script>
     //以下是编程动态输出6个位置和数值都不同的数字标签label
     var cous=6,twidth=180,theight=50,fontsize=25;
     for(var i=1;i<=cous;i++)
     { //每个标签的id为'yzm'+i,absolute表示绝对布局,允许任意定位
      document. write("<label id='yzm"+i
                       +"' style='padding:5px; position:absolute;'>"+i+"</label>");
     //标签的随机水平位置
     document. getElementById("yzm"+i). style. left=
                             Math. round((twidth/cous)*i)+"px";
     //标签的随机垂直位置
     document. getElementById("yzm"+i). style. top=
                             Math. round(Math. random()*(theight-fontsize))+"px";
      var tmpid=document. getElementById("yzm"+i);
      tmpid. onclick=function(){//给每个标签添加单击事件程序
          if(this. innerText!=selected_sz){//如果单击的不是自己,才执行以下程序
                       if(this. style. color==selected_color)//判断颜色是否相同
                             {alert("进入!");}
                       else
                             {alert("验证失败!");}
                       run_yz();//重新产生验证码
          }//if语句结束
      }//onclick事件函数结束
     }//for循环结束
</script>
<br/><br/>
 <label id="yz" style="font-size:15px">单击跟【 x 】颜色一样的数字</label>
</td>
<!--验证码所在行结束-->
```

3. JS程序代码

```
<script>
var colors=["red","blue","green","darkcyan","darkviolet","burlywood"];//颜色列表
var selected_sz="",selected_color="";//保存被选中进行匹配的数字和颜色
function run_yz(){//生成验证码自定义函数
    var tmplist=[];//保存随机生成的数字
    var tmpcolor=[];//保存随机生成数字对应的颜色
    var tmpsz=0;
    var flg=false;//标记在列表中是否有相同的,false表示没有,true表示有
    for(var i=1;i<=cous;i++)
    {
        //以下随机生成数字
        while(true)
        {
            flg=false;
            tmpsz=Math.floor(Math.random()*8+1);
            for(var j=0;j<tmplist.length;j++)
                { //如在tmplist列表中已有该数字,就跳出for循环重新选择
                  if(tmpsz==tmplist[j]) {flg=true;break;}
                }
            if(flg==false){break;}//没有相同的,则该数字可用,跳出while循环
        }
        document.getElementById("yzm"+i).innerText=tmpsz;
        tmplist.push(tmpsz);//追加到列表尾部
        //以下是随机生成数字对应的随机颜色
        while(true)
        {
            flg=false;
            tmpsz=Math.round(Math.random()*5);//0~5的颜色下标
            for(var j=0;j<tmpcolor.length;j++)
            { //有相同的,就跳出for循环,重新选择
              if(tmpsz==tmpcolor[j]) {flg=true;break;}
            }
            if(flg==false){break;}//没有相同的,可以用,就跳出while循环
        }
        document.getElementById("yzm"+i).style.color=colors[tmpsz];
        tmpcolor.push(tmpsz);//追加到列表尾部
    }
```

```
    //以下从yzm1～ymz6中随机找到两个,变成相同的颜色
    var xb1=Math.round(Math.random()*5)+1;//编号1～6
    var xb2=Math.round(Math.random()*5)+1;//编号1～6
    while(xb1==xb2)
    {
      xb2=Math.round(Math.random()*5)+1;//编号1～6
    }
    //让随机的两个数字颜色相同
    document.getElementById("yzm"+xb2).style.color=
                         document.getElementById("yzm"+xb1).style.color;
    document.getElementById("yz").innerText=
                        "单击跟【"
                        +document.getElementById("yzm"+xb1).innerText
                        +"】颜色一样的数字";
    //保存被选中进行匹配的数字
    selected_sz=document.getElementById("yzm"+xb1).innerText;
    //保存被选中进行匹配的数字对应的颜色
    selected_color=document.getElementById("yzm"+xb1).style.color;
}
var yzid=document.getElementById("yz");
yzid.onclick=function(){run_yz();}//单击验证码所在位置重新生成验证码
run_yz();//调用生成验证码函数
</script>
```

任务三　实现拖动位置匹配登录验证码的编程

图5-3所示为拖动位置匹配登录验证界面。

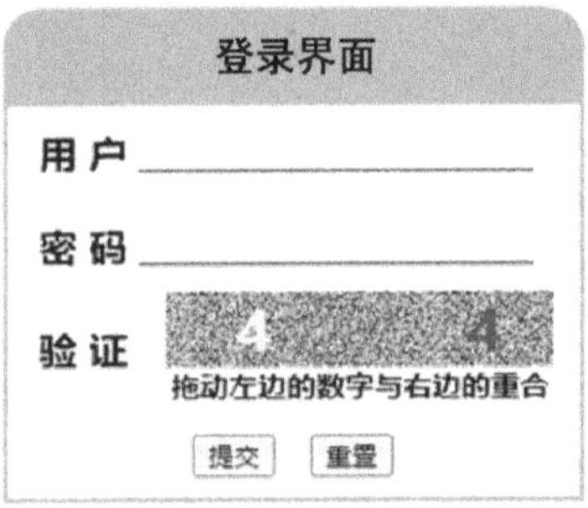

图5-3　拖动位置匹配登录验证界面

1. CSS代码

CSS代码与任务一中的CSS代码相同。

2. HTML主要代码

改变任务一中的验证码所在行即可。

```
<!--验证码所在行,其他验证方式改变此行里的内容即可-->
<td height="50" align="center">
<!--验证码层容器,id为bj-->
<div style=
  "position:relative;width:200px;height:40px;background-image:url(bj. jpg)" id="bj">
    <label style=
        "position:absolute;left:0px;top:0px;font-size:30px;z-index:2;" id="leftsz">5
    </label><!--左边的数字标签,id为leftsz-->
    <label style=
        "position:absolute;left:80px;top:0px;font-size:30px;z-index:1;" id="rightsz">5
    </label><!--右边的数字标签,id为rightsz-->
  </div>
<label id="wz" style="font-size:15px">拖动左边的数字与右边的重合</label>
</td>
<!--验证码所在行结束-->
```

3. JS程序代码

```
<script>
var colors=
["red", "blue", "green", "darkcyan", "darkviolet", "burlywood", "aqua", "darkseagreen",
"lemonchiffon","darksalmon"];//颜色列表
function run_yz()//生成验证码的自定义函数
{
    var tmpsz=Math. round(Math. random()*9);//随机生成0~9的数字
    document. getElementById("leftsz"). innerText=tmpsz;
    document. getElementById("rightsz"). innerText=tmpsz;
    //随机得到两个不同的颜色
    var xb1=Math. round(Math. random()*9);//0~9的下标
    var xb2=Math. round(Math. random()*9);//0~9的下标
    while(xb1==xb2)
    {
      xb2=Math. round(Math. random()*9);//0~9的下标
    }
    document. getElementById("leftsz"). style. color=colors[xb1];
    document. getElementById("rightsz"). style. color=colors[xb2];
    //随机得到两个数字的left位置
```

```
        var tmpleft1=Math. round(Math. random()*50);
        var tmpleft2=tmpleft1+Math. round(Math. random()*60)+60;
        document. getElementById("leftsz"). style. left=tmpleft1+"px";
        document. getElementById("rightsz"). style. left=tmpleft2+"px";
}
run_yz();//调用生成验证码的函数
//单击验证码所在位置重新生成验证码
document. getElementById("wz"). onclick=function(){run_yz();}
var bj=document. getElementById("bj");//获取验证码层容器的id为bj
var isdown=false;//标记是否按下鼠标或触屏
bj. onmousedown=function(){//给验证码层容器添加鼠标单击事件
        isdown=true;
}
bj. onmousemove=function(event){//拖动鼠标左边的数字去匹配右边的数字位置
        if(isdown)
        {
                //获取物体相对于文档元素的位置
                var rectobj=this. getBoundingClientRect();
                var x=rectobj. left;
                var y=rectobj. top;
                var e = event || window. event;
                var tmpx=e. clientX-x,tmpy=e. clientY-y;
                if (tmpx>170){tmpx=170;}//超出右边界170
                document. getElementById("leftsz"). style. left=tmpx+"px";
        }
}
bj. onmouseup=function(event){//鼠标弹起时判断两个数字的位置是否重合
        //获取物体相对于文档元素的位置
        var rectobj=this. getBoundingClientRect();
        var x=rectobj. left;
        var y=rectobj. top;
        var e = event || window. event;
        var tmpx=e. clientX-x,tmpy=e. clientY-y;
        if (tmpx>170){tmpx=170;}//超出右边界170
        //设置左边数字的left位置
        document. getElementById("leftsz"). style. left=tmpx+"px";
        var tmprightstr=document. getElementById("rightsz"). style. left. toString();
        //右边数字left属性的纯数字
        var tmpright=parseInt(tmprightstr. substring(0,tmprightstr. length-2));
```

```
        if(Math. abs(tmpx-tmpright)>5)//位置差大于5说明位置匹配失败
         { alert("验证失败!"); }
        else
         {    //让右边数字的位置与左边的数字重合
            document. getElementById("leftsz"). style. left=
                                       document. getElementById("rightsz"). style. left;
            alert("进入!");
         }
        run_yz();//重新生成验证码
        isdown=false;
}
//以下是适应手机浏览器的画图事件,手指触屏的相关事件
var movex=0,movey=0;//保存触屏移动过程中的x、y位置
bj. addEventListener('touchstart', function(e){//监听触屏开始事件
        isdown=1;//触屏标记为1
        event. preventDefault();//阻止事件上抛给浏览器,防止手指滑屏
}, false);
bj. addEventListener('touchmove', function(e){//监听触屏移动事件
        if(isdown)
        {
            var rectobj=this. getBoundingClientRect();//获取物体相对于文档元素的位置
            movex=e. touches[0]. clientX-rectobj. left;
            movey=e. touches[0]. clientY-rectobj. top;
            if (movex>170){movex=170;}//超出右边界170
            document. getElementById("leftsz"). style. left=movex+"px";
        }
}, false);
bj. addEventListener('touchend', function(e){//监听触屏结束事件
        if (movex>170){movex=170;}//超出右边界170
        //设置左边数字的left位置
        document. getElementById("leftsz"). style. left=movex+"px";
        var tmprightstr=document. getElementById("rightsz"). style. left. toString();
        //右边数字left属性的纯数字
        var tmpright=parseInt(tmprightstr. substring(0,tmprightstr. length-2));
        if(Math. abs(movex-tmpright)>5)//位置差大于5说明位置匹配失败
         { alert("验证失败!"); }
        else
         {    //让右边数字的位置与左边的数字重合
            document. getElementById("leftsz"). style. left=
```

```
                        document. getElementById("rightsz"). style. left;
            alert("进入!");
        }
        run_yz();//重新生成验证码
        isdown=false;
    }, false);
</script>
```

案例小结

Web前端登录验证码是一种重要的安全措施，通过要求用户完成特定任务来验证用户身份，从而保护网站安全和用户数据安全。以上是生成3种常用Web前端登录验证码的编程实现。随着信息技术的不断升级和发展，还有很多其他方式的登录验证，如人脸验证、指纹验证、语音验证等，有待我们继续探索和研究。

案例六

抽奖小程序

案例描述

抽奖小程序是一种便捷、公平且互动性较强的工具，广泛应用于各种场合，如年会、抽奖活动、团队分工等。用户无须准备任何实物抽签工具，只需一部手机即可进行抽奖，无论是在家中、办公室，还是户外，只要有网络就能随时随地进行。随机生成的抽奖结果，避免了人为操作可能带来的偏差，确保每个参与者都有平等的机会。

案例功能分析

本案例通过将参与抽奖的人员姓名放置在数组中，根据设置的抽取人数，采用计算机随机算法，确保每位参与者被抽中的概率相同，增加了抽奖活动的公平性。单击抽奖转盘图片，开始抽奖，抽奖转盘会非线性加速启动和减速停止，中间同时会有不断变化的数字显示，最后抽奖结果会即时显示在小程序界面上。图6-1所示为抽奖小程序界面。

抽奖小程序的演示

抽奖小程序的设计

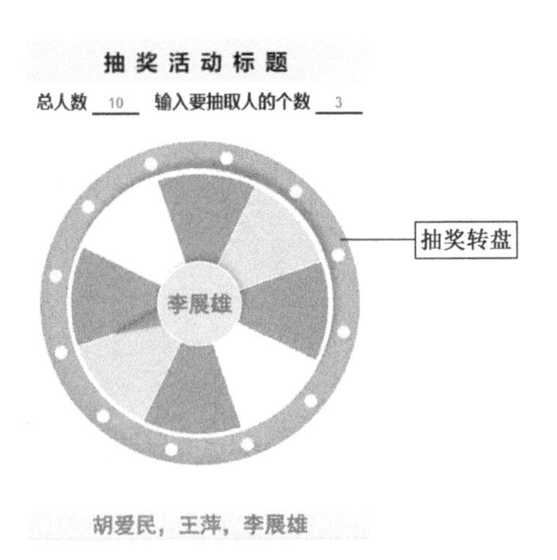

图6-1　抽奖小程序界面

任务一　抽奖小程序的样式设计

CSS代码如下：

```
<style type="text/css">
body {
	margin-left:0px;/*网页无边距样式*/
	margin-top:0px;
	margin-right:0px;
	margin-bottom:0px;
	text-align:center;
	font-size:16px;
}
```

```
#d1{/*放置抽奖转盘图片和标签的容器样式,id为d1*/
    position: absolute;
    width: 50%;
    height: 50%;
    z-index: 1;
}
. bt{/*抽奖活动主题样式*/
    text-align: center;
    width:100%;
    font-size:20px;font-weight:bold;letter-spacing:10px;
    border-top:none;border-left:none;
    border-right:none;border-bottom:none;
    background-color:rgba(221,241,241,1. 00);
    }
. zt{/*抽奖输入框样式*/
    width:40px;text-align:center;color:red;font-weight:bold;
    border-top:none;border-left:none;border-right:none;
    border-bottom-style:solid;border-bottom-color:black;
}
#im1{/*抽奖转盘图片样式,id为im1*/
    position:absolute;
    left:0px;top:0px;
    width:100%;height:100%;
    }
#im2{/*抽奖过程显示数字标签的样式,id为im2*/
    position:absolute;
    left:0px;top:0px;
    z-index:2;
    font-size:20px;color:red;font-weight: bold;
    font-family:"黑体";
    }
. bbt{/*显示已经抽中人的表格样式*/
    position:fixed;bottom:0;width:100%;
    background-color:rgba(221,241,241,1);
    }
#cname{/*显示已经抽中人姓名的单元格样式,id为cname*/
    color:red;font-weight:bold;font-size:20px;
    word-break:break-all;word-wrap:break-word;
    font-family:"黑体";
```

```
    }
</style>
```

任务二　抽奖小程序的界面设计

小贴士

抽奖转盘图片下载地址：
http://14. 116. 207. 34:880/lb/download/4. png

```
<!--手机浏览器自适应代码-->
<META name=viewport content=width=device-width,initial-scale=1. 0,
minimum-scale=1. 0,maximum-scale=1. 0>
<body>
<table width="100%" border="0" cellspacing="0" cellpadding="7">
  <tr>
      <td style="background-color:rgba(221,241,241,1. 00);">
       <input type="text" value="抽奖活动标题"  class="bt">
      </td>
  </tr>
  <tr>
   <td align="center">
       <b>总人数</b>
       <input type="text" id="total" maxlength="4" class="zt" readonly="readonly">
         <b>输入要抽取人的个数</b>
       <input type="text" id="cq" maxlength="4" class="zt">
   </td>
  </tr>
</table>
<div id="d1"><!--放置抽奖转盘图片和标签的容器,id为d1-->
 <img id="im1" src="img/4. png"><!--抽奖转盘图片,id为im1-->
  <!--抽奖过程变动的数字,即tname数组不断变化的下标,id为im2-->
 <label id="im2"/>0</label>
</div>
<table border="0" cellspacing="0" cellpadding="0" class="bbt">
 <tr><!--显示抽中的姓名的标签,id为cname-->
  <td align="center" id="cname"> </td>
 </tr>
</table>
</body>
```

任务三　抽奖小程序的程序设计

```
<script type="text/javascript" src="jquery-3. 1. 1. min. js"></script>
<script>
//tname为抽奖的姓名数组
var tname = ["陈伟璐","苏燕","李展雄","明星","陈天佑","李琳","乔根","王萍","胡爱民",
"郭秀芬"];
var dw=0;//设置抽奖转盘的宽度和高度
var dh=0;
var dleft=0;//设置抽奖转盘的位置
var dtop=0;
var yj_cq_arr=[];//已经抽取的放在这里
var dd_cq_arr=tname;//等待抽取的数组,开始时为tname

function getwh()//设置抽奖转盘大小和位置的自定义函数
{
  if(window. innerWidth>window. innerHeight)
    {dw=window. innerHeight*0. 5;}
  else {dw=window. innerWidth*0. 4;}

  dh=dw;//设置抽奖转盘的宽度和高度
  dleft=(window. innerWidth-dw)/2;
  dtop=(window. innerHeight-dh)/2;
}
//过滤头尾空格
function trim(str)
{
 if(str == null) return "" ;
 //去除前面所有的空格
 while( str. charAt(0)  == ' ' )
 {str = str. substring(1,str. length);}
 //去除后面的空格
 while( str. charAt(str. length-1)  == ' ' )
 {str = str. substring(0,str. length-1);}
 return str ;
}
//JS判断一个字符串是否是正整数
function isNormalInteger(str) {
```

```
  var n = Math. floor(Number(str));
  return n!== Infinity && String(n) == str && n >= 0;
}
</script>
<script>
//以下为单击中间抽奖转盘即im1产生旋转
var id=0;
var jd=Math. round(Math. random()*90);//旋转的角度
var x=1;
var offset;//0. 2*x^2加速度一元二次方程的值,实现旋转加速效果
var fx=false;//标记加速或减速旋转
var wc=false;//标记是否维持在不加速或减速的恒速旋转状态
var sjcs=Math. round(Math. random()*20)+1;//高速旋转要维持的次数
var cous=0;//统计高速旋转的次数

function xz(){//旋转抽奖转盘自定义函数
    if (wc==false)
    {
      if ((offset>20)&&(cous==0)){if(wc==false){wc=true;}}
    }
    else
    {
    cous++;//统计高速旋转的次数
    //持续高速旋转的次数
    if (cous>20+sjcs){fx=true;wc=false;}
  }

  if (wc==false)//不是减速或加速的恒速旋转状态
  {
    if(fx)//减速旋转
        {
        if(x>0)
        {x--;}
        else
        {
         window. clearInterval(id);//停止转动
         id=0;
         x=1;
         fx=false;//加速旋转
```

```
        sjcs=Math. round(Math. random()*20)+1;//高速旋转要维持的次数
        cous=0;//统计高速旋转的次数
        //随机获得等待抽奖数组中的一个
        tmpnum=dd_cq_arr[Math. round(Math. random()*(dd_cq_arr. length-1))];
        yj_cq_arr. push(tmpnum);//将抽中的元素放进抽中的数组中
        document. getElementById("im2"). innerText=tmpnum;

        var index=dd_cq_arr. indexOf(tmpnum);//返回元素在数组中的位置
        dd_cq_arr. splice(index,1);//在待抽取的数组中删除被抽中的元素
        //设置im2居中
        $("#im2"). css("top",($("#d1"). height()-$("#im2"). height())/2+"px");
        $("#im2"). css("left",($("#d1"). width()-$("#im2"). width())/2+"px");

        yj_cq_tmpstr="";
        for(var i=0;i<yj_cq_arr. length;i++)
        {
         yj_cq_tmpstr=yj_cq_tmpstr + yj_cq_arr[i];
         if(i<yj_cq_arr. length-1){yj_cq_tmpstr= yj_cq_tmpstr+",";}
        }
        //显示已经抽中的数字
        document. getElementById("cname"). innerText=yj_cq_tmpstr;
        jd=Math. round(Math. random()*90);//随机旋转的角度
        document. getElementById("cq"). readOnly=false;
        return;//停止函数
       }
      }
      else
      {
       x++;
      }//速度大到一定程度就开始减速,fx结束

      //加速度一元二次方程,旋转加速或减速效果的实现
      offset=0. 2*x^2;
  }
  jd=jd+offset;
  $("#im1"). css("transform","rotate(" + jd + "deg)");//旋转某个层
  $("#im1"). css("-ms-transform","rotate(" + jd + "deg)"); /* Internet Explorer */
  $("#im1"). css("-moz-transform","rotate(" + jd + "deg)"); /* Firefox */
  $("#im1"). css("-webkit-transform","rotate(" + jd + "deg)"); /* Safari和Chrome */
  $("#im1"). css("-o-transform","rotate(" + jd + "deg)"); /* Opera */
```

```
  //抽奖转盘转动过程中,随机抽取数组中的一个下标显示
  document. getElementById("im2"). innerText=
                                  Math. round(Math. random()*(dd_cq_arr. length-1));
  //设置im2居中
  $("#im2"). css("top",($("#d1"). height()-$("#im2"). height())/2+"px");
  $("#im2"). css("left",($("#d1"). width()-$("#im2"). width())/2+"px");
}//旋转抽奖转盘自定义函数结束
</script>
<script>
document. getElementById("total"). value=tname. length;//抽奖姓名数组的长度
getwh();//调用设置抽奖转盘大小和位置的自定义函数
$("#d1"). css("width",dw+"px");//设置图片的宽度
$("#d1"). css("height",dh+"px");//设置图片的高度,高度和宽度一样
//屏幕垂直居中
$("#d1"). css("top",dtop+"px");
$("#d1"). css("left",dleft+"px");
//设置im2居中
$("#im2"). css("top",($("#d1"). height()-$("#im2"). height())/2+"px");
$("#im2"). css("left",($("#d1"). width()-$("#im2"). width())/2+"px");
var im1 = document. getElementById("im1");
im1. onclick=function(e){//单击im1自定义函数,控制抽奖转盘的旋转或停止
      if(id!=0)
      {
        window. clearInterval(id);
        //以下是恢复初始值
        id=0;
        x=1;
        fx=false;
        sjcs=Math. round(Math. random()*20)+1;//高速旋转要维持的次数
        cous=0;//统计高速旋转的次数
        //随机获得等待抽奖列表中的一个
        tmpnum=dd_cq_arr[Math. round(Math. random()*(dd_cq_arr. length-1))];
        yj_cq_arr. push(tmpnum);//将抽中的元素放进抽中的数组中
        document. getElementById("im2"). innerText=tmpnum;

        var index=dd_cq_arr. indexOf(tmpnum);//返回元素在数组中的位置
        dd_cq_arr. splice(index,1);//在待抽取的数组中删除被抽中的元素
        //设置im2居中
        $("#im2"). css("top",($("#d1"). height()-$("#im2"). height())/2+"px");
```

```
  $("#im2").css("left",($("#d1").width()-$("#im2").width())/2+"px");

  yj_cq_tmpstr="";
  for(var i=0;i<yj_cq_arr.length;i++)
  {
      yj_cq_tmpstr= yj_cq_tmpstr + yj_cq_arr[i];
      if(i<yj_cq_arr.length-1){yj_cq_tmpstr=yj_cq_tmpstr+",";}
  }
  //显示已经抽中的数字
  document.getElementById("cname").innerText=yj_cq_tmpstr;
  jd=Math.round(Math.random()*90);
  document.getElementById("cq").readOnly=false;
  return;//停止函数
}

var regPos = /^\d+(\d+)?$/; //非负整数正则表达式
if ((document.getElementById("total").value=="")||
   (document.getElementById("cq").value==""))
{
 alert("摇号总数和摇取个数都不能为空!");
 return false;
}
else if ((!regPos.test(trim(document.getElementById("total").value)))||
        (!regPos.test(trim(document.getElementById("cq").value))))
{//保证是非负整数
  alert("摇号总数和摇取个数必须是正整数!");
 return false;
}
else if ((parseInt(trim(document.getElementById("total").value))<=0)||
        (parseInt(trim(document.getElementById("cq").value))<=0))
{
 alert("摇号总数和摇取个数必须大于0!");
 return false;
}
else if (parseInt(trim(document.getElementById("total").value))<=
        parseInt(trim(document.getElementById("cq").value)))
{
 alert("摇号总数必须大于摇取个数!");
 return false;
```

```
        }

        if(yj_cq_arr. length>=parseInt(trim(document. getElementById("cq"). value)))
        {
          alert("已经达到了摇取的数量!");
          return false;
        }

        if(dd_cq_arr. length<=1)//只剩下一个数组元素,无须抽取
        {
          alert("没有可摇取的数据!");
          return false;
        }
        if(id==0){
          document. getElementById("im2"). innerText="0";
          document. getElementById("cq"). readOnly=true;
          id=setInterval(xz,30);//启动抽奖转盘旋转
        }
    }//单击im1自定义函数结束
    </script>
```

案例小结

以上是根据姓名抽奖小程序的功能实现,在此基础上可以进一步完善小程序的功能,如设置不同的抽奖模式、调整界面布局、自定义背景图片等,以满足不同场景下的需求。同时,还可以拓展小程序支持评论、点赞等互动功能,以提升用户参与感。

案例七
购物车小程序

案例描述

购物车小程序被广泛应用于电商领域，包括但不限于服装、家居、数码产品等在线销售平台。它通过提供商品添加、查看、修改数量、删除及总价计算等功能，为用户在购物过程中提供便利。本案例通过在客户端的购物车页面提供基本商品信息和操作按钮，使用户可以方便地查看和修改购物车中的内容，实现购物车的基本选购和计费功能。

案例功能分析

购物车小程序允许用户将想要购买的商品添加到一个虚拟的购物车中，并可以在后续进行结算、修改商品数量或删除商品等操作。主要包括以下功能。

（1）商品添加。用户可以在商品列表页单击“+”按钮，将商品添加到购物车中。

（2）商品查看。在购物车页面，用户可以看到已添加的所有商品信息，包括商品名称、单价、选购的数量。

（3）数量修改。用户可以对购物车中的商品数量进行增加或减少操作。

（4）总价计算。购物车小程序会自动计算用户所选商品的总价，并在购物车页面显示。

图7-1所示为购物车小程序界面。

购物车小程序的演示

购物车小程序的设计

运动器材超市

足球	100元/个	+ 0 -
篮球	100元/个	+ 2 -
排球	90元/个	+ 0 -
网球	20元/个	+ 1 -
羽毛球	8元/个	+ 0 -
乒乓球	3元/个	+ 2 -
实心球	50元/个	+ 0 -
铅球	150元/个	+ 0 -
跳绳	60元/条	+ 0 -
球网	50元/张	+ 1 -

共计：【276】元

重新购买

图7-1　购物车小程序界面

任务一　购物车小程序的样式设计

CSS代码如下：

```
<style type="text/css">
<style type="text/css">
body {
      font-size: 20px;
      font-weight: bolder;
}
```

```
td{
  line-height:200%;/*行距*/
 }
. bt{/*购物车标题行样式*/
     text-align: center;
     color:rgba(7,110,2,1. 00);
     font-size: 25px;
     letter-spacing:10px;
     border-bottom:solid rgba(7,110,2,1. 00) 1px;
}
. js{/*结算金额所在行样式*/
     text-align: center;
     color:rgba(7,110,2,1. 00);
     font-size: 25px;
     border: solid rgba(7,110,2,1. 00) 1px;
     border-bottom-left-radius: 10px;
     border-bottom-right-radius: 10px;
     border-top-left-radius: 10px;
     border-top-right-radius: 10px;
}
</style>
```

任务二　购物车小程序的界面设计

```
<!--手机浏览器自适应代码-->
<META name=viewport content=width=device-width,initial-scale=1. 0,
minimum-scale=1. 0,maximum-scale=1. 0>
<body>
<table width="100%" border="0" cellspacing="0" cellpadding="0">
<tr>
 <td colspan="3" class="bt">运动器材超市</td>
</tr>
<script type="text/javascript">
//商品信息列表数据:名称、单价
var sp_list=[{"name":"足球","price":100,"dw":"个"},
{"name":"篮球","price":100,"dw":"个"},
{"name":"排球","price":90,"dw":"个"},
{"name":"网球","price":20,"dw":"个"},
{"name":"羽毛球","price":8,"dw":"个"},
```

```
{"name":"乒乓球","price":3,"dw":"个"},
{"name":"实心球","price":50,"dw":"个"},
{"name":"铅球","price":150,"dw":"个"},
{"name":"跳绳","price":60,"dw":"条"},
{"name":"球网","price":50,"dw":"张"}];
for(var i=0;i<sp_list. length;i++)//JS编程输出商品列表
{
 document. write("<tr>");//每个商品信息占一行,自定义属性data-dj为商品单价
 document. write("<td id='"+(i+1)+"' data-dj='"+sp_list[i]["price"]+"' width='34%'>"+
                    sp_list[i]["name"]+"</td>");
 document. write("<td  width='33%'>"+sp_list[i]["price"]+"元/"+sp_list[i]["dw"]+
                   "</td>");
//输出增购"+"和减购"-"商品按钮
 document. write("<td  width='33%'><label id='a"+(i+1)+"'>+ </label>"+
             "<label id='c"+(i+1)+"'>0</label><label id='j"+(i+1)+"'> -</label>");
 document. write("</td></tr>");
}
</script>
<tr><td colspan="3" class="js" id="gj">共计:【0】元</td></tr>
<tr>
  <td colspan="3" align="center">
   <input type="button" id="re" value="重新购买">
  </td>
</tr>
</table>
</body>
```

任务三　购物车小程序的程序设计

```
<script>
     var sums=0;//总计的价钱
     for(i=1;i<=10;i++)
     {
       tmpid=document. getElementById("a"+i);//获取增加商品数量"+"按钮的id
       tmpid. onclick=function(){//为"+"按钮添加click事件
            var tmpstr=this. id. toString();
            tmpstr=tmpstr. substring(1);//取id中的数字
            //将数量变成数字型
            var tmpcous=parseInt(document. getElementById("c"+tmpstr). innerText);
```

```
        tmpcous+=1;//数字加 1
        if (tmpcous>50)
          {tmpcous=50;}
        else
            { //总价加上一个该物品的单价
             sums=sums+parseInt(document. getElementById(tmpstr). dataset. dj);
             document. getElementById("gj"). innerText="共计【" + sums + "】元";
            }
        //再将加 1 后的数字赋值给数量
        document. getElementById("c"+tmpstr). innerText=tmpcous ;
        //改变背景色表示选中了要买的物品
        if (document. getElementById(tmpstr). style. backgroundColor=="")
         {document. getElementById(tmpstr). style. backgroundColor=
                                                      "rgb(144,240,149)";}
  }
  tmpid=document. getElementById("j"+i);//获取减少商品数量"-"按钮的 id
   tmpid. onclick=function(){//为"-"按钮添加 click 事件
        var tmpstr=this. id. toString();
        tmpstr=tmpstr. substring(1);//取 id 中的数字
        //将数量变成数字型
        var tmpcous=parseInt(document. getElementById("c"+tmpstr). innerText);
        tmpcous-=1;//数字减 1
        if (tmpcous<0)
         {tmpcous=0; }
        else
         {//总价减去一个该物品的单价
         sums=sums-parseInt(document. getElementById(tmpstr). dataset. dj);
         document. getElementById("gj"). innerText="共计【" + sums + "】元";
         }
        //再将减 1 后的数字赋值给数量
        document. getElementById("c"+tmpstr). innerText=tmpcous;
        //已经为 0,去掉背景色表示没有选中该物品
        if((tmpcous==0)&&
         (document. getElementById(tmpstr). style. backgroundColor!=""))
          {document. getElementById(tmpstr). style. backgroundColor="";}
  }
}
tmpid=document. getElementById("re");
tmpid. onclick=function(){//刷新页面,重新加载页面
```

```
            window. location. reload();
        }
    </script>
```

案例小结

以上是购物车小程序的功能实现，在此基础上可以进一步完善用户登录和注册、购物车页面的布局和样式、商品详情查看、后台用户管理、商品管理、订单处理、在线支付等功能，为用户提供更加便捷、高效的购物体验，从而提升用户满意度和在线销售平台竞争力。

案例八

猜数字游戏小程序

案例描述

猜数字(又称Bulls and Cows)是一种古老的密码破译类益智小游戏,起源于20世纪中期的英国。猜数字游戏的获胜策略通常有两个:一是保证在猜测次数限制下赢得游戏,二是使用尽量少的猜测次数。本案例介绍的猜数字游戏小程序与传统的猜数字游戏有所不同,其在游戏中融入了抽奖活动的理念,以增加趣味性和互动性,提升游戏的吸引力。游戏界面让所猜数字范围布局成一个封闭区域,通过转动数字的方式,定位用户所猜的数字,猜中即获胜。在都猜中的情况下,选择数字次数少的一方为游戏的获胜者。这个游戏通常由两个人或多人玩。

案例功能分析

猜数字游戏小程序设置数字范围为1~12(可以是其他范围)。这12个数字围成一个正方形,当用户选择了所猜的数字并单击“启动”按钮后,红色方块会在12个数字中不断走动。走动过程是非线性加速启动和减速停止,最后随机定位在某个数字上,如果该数字与用户所选的数字相同,则表示猜中。允许用户最多选择3个数字,任何一个与红色方块最后所定位的数字相同都视为猜中。

猜数字游戏
小程序演示

猜数字游戏
小程序的设计

图8-1所示为猜数字游戏小程序界面。

猜中数字的界面效果如图8-2所示。

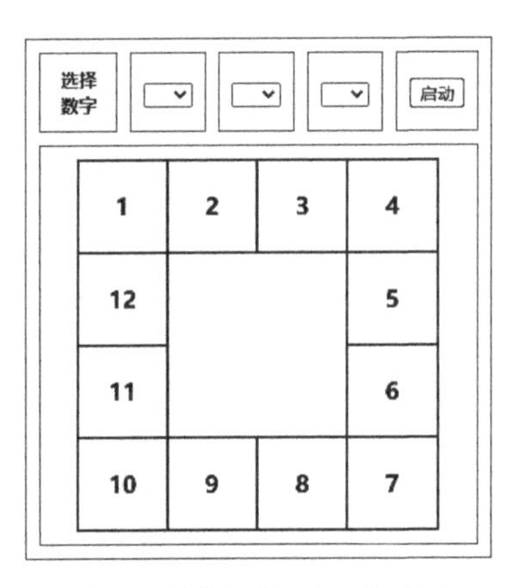

图8-1　猜数字游戏小程序界面

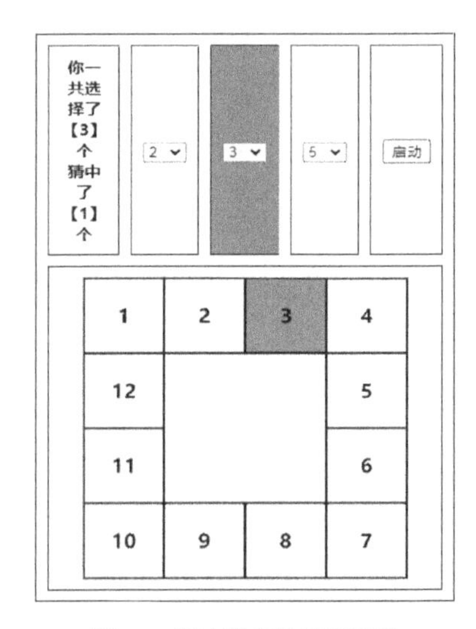

图8-2　猜中数字的界面显示

任务一　猜数字游戏小程序的样式设计

CSS代码如下:

```
<style type="text/css">
body{
    font-size:18px;
```

```
        font-weight: bold;
}
. szfg{/*显示 1 ~ 12 数字单元样式*/
        width: 70px;
        height: 70px;
        border: 1px #000 solid;
        text-align: center;
}
</style>
```

任务二　猜数字游戏小程序的界面设计

```
<!--手机浏览器自适应代码-->
<META name=viewport  content=width=device-width,initial-scale=1. 0,
minimum-scale=1. 0,maximum-scale=1. 0>
<body>
<table width="100%" border="1" cellspacing="10" cellpadding="10">
<tr align="center">
  <td id="show" style="font-size:15px;">选择数字</td>
  <script>
        for(var ii=1;ii<=3;ii++)
        {//JS编程输出3个数字选择列表框
            document. write("<td id='ps"+ii+"'>");
            document. write("<select id='s"+ii+"'>");
            document. write("<option></option>");
            for(var kk=1;kk<=12;kk++)
            {
                    document. write("<option>"+kk+"</option>");
            }
            document. write("</select></td>");
        }
  </script>
  <td><input type="button" id="start" value="启动"></td>
</tr>
<tr>
  <td align="center" colspan="5">
   <table border="1" cellspacing="0" cellpadding="0">
        <tr><!--封闭正方形的数字显示1~12,id也为1~12-->
          <td class="szfg" id="1">1</td>
```

```
      <td class="szfg" id="2">2</td>
      <td class="szfg" id="3">3</td>
      <td class="szfg" id="4">4</td>
    </tr>
    <tr>
      <td class="szfg" id="12">12</td>
      <td class="szfg" colspan="2" rowspan="2"> </td>
      <td class="szfg" id="5">5</td>
    </tr>
    <tr>
      <td class="szfg" id="11">11</td>
      <td class="szfg" id="6">6</td>
    </tr>
    <tr>
      <td class="szfg" id="10">10</td>
      <td class="szfg" id="9">9</td>
      <td class="szfg" id="8">8</td>
      <td class="szfg" id="7">7</td>
    </tr>
  </table>
 </td>
</tr><!--封闭正方形的数字显示结束-->
</table>
</body>
```

任务三　猜数字游戏小程序的程序设计

```
<script>
var currid=0,id=0;
//max1为最大时间间隔,min1为最小时间间隔
//maxcx为在最小时间间隔时,红色方块持续跑动的次数
//cous为在最小时间间隔时,红色方块跑动的计数
var max1=30,min1=8,maxcx=0,cous=0;fx=1;
//cz1 ~ cz3保存玩家选择要猜的数字,cz_sums为总共选择数字的个数
var cz1=0,cz2=0,cz3=0,cz_sums=0;
//i为时间间隔,通过不断改变i可以实现加速和减速的效果
var i=max1;

//在最小间隔时间持续跑动的次数为70 ~ 100的数字
```

```
maxcx=Math. round(Math. random()*30+70);

function sleep(time){//延迟函数毫秒级别自定义函数
  var timeStamp = new Date(). getTime();
  var endTime = timeStamp + time;
  while(true){
   if(new Date(). getTime()>endTime)
    {return;}
  }
}

function changecolor(){//红色方块在1～12中跑动的自定义函数
  try{
   //将所有数字所在单元格背景都置空
   document. getElementById(currid). style. backgroundColor="";
  }
  catch(e){}
  currid+=1;//当前数字所在单元格位置
  if (currid>12){currid=1;}
  //当前数字所在单元格背景设置为红色
  document. getElementById(currid). style. backgroundColor="#f00";
  //根据fx值调整时间间隔
  switch(fx)
  {
    case 1://通过减少时间间隔,实现加速启动
        i-=1;
        if(i<=min1){fx=2;}
        break;
    case 2://不改变时间间隔,就是匀速
        cous+=1;
        //在最小间隔时间持续跑动的次数maxcx
        if (cous>maxcx){fx=3;cous=0;}
        break;
    case 3://通过增加时间间隔,实现减速停止
        i+=1;
        if(i>max1){
            fx=1;
            i=max1;
            //恢复“启动”按钮可用
```

```
            document. getElementById("start"). disabled=false;
            clearInterval(id);//红色方块停止跑动

            var czs=0;//保存猜中了几个
            if(currid==cz1){
              //猜中了变红
              document. getElementById("ps1"). style. background="#f00";
              czs+=1;//猜中数加1
            }
            if(currid==cz2){
              //猜中了变红
              document. getElementById("ps2"). style. background="#f00";
              czs+=1;//猜中数加1
            }
            if(currid==cz3){
              //猜中了变红
              document. getElementById("ps3"). style. background="#f00";
              czs+=1;//猜中数加1
            }
            document. getElementById("show"). innerText="你一共选择了【"+
                                        cz_sums + "】个\n猜中了【"+ czs + "】个";
        }
        break;
    }
      sleep(i*i);//调用延迟函数
}

//单击“启动”按钮开始游戏
document. getElementById("start"). onclick=function(){
  document. getElementById("show"). innerText="选择数字";
  //以下清空背景
  document. getElementById("ps1"). style. background="";
  document. getElementById("ps2"). style. background="";
  document. getElementById("ps3"). style. background="";

  var s1=document. getElementById("s1"). value;
  var s2=document. getElementById("s2"). value;
  var s3=document. getElementById("s3"). value;
  if ((s1=="")&&(s2=="")&&(s3=="")){
```

```
            alert("请至少选择一个猜的数字!");
            return;
        }
        else
        {
            cz_sums=0;//总共选择的数字个数
            if(s1!=""){cz1=parseInt(s1);cz_sums+=1;}
            else{cz1=0;}
            if(s2!=""){cz2=parseInt(s2);cz_sums+=1;}
            else{cz2=0;}
            if(s3!=""){cz3=parseInt(s3);cz_sums+=1;}
            else{cz3=0;}
        }
        //在最小间隔时间持续跑动的次数maxcx为70~100的数字
        maxcx=Math. round(Math. random()*30+70);
        id=setInterval("changecolor()",50);//启动游戏,即调用changecolor()函数
        this. disabled=true;//按钮不可用,直到红色方块跑动完毕
    }
</script>
```

案例小结

以上是猜数字游戏小程序功能的实现,在此基础上可以在难度设置、闯关设置、界面优化等方面继续完善。猜数字小游戏不仅具有娱乐性,还能锻炼玩家的逻辑思维能力和策略规划能力。同时,它也是一种很好的亲子互动方式以及朋友间聚会时的娱乐方式,是一种简单有趣且富有挑战性的益智类游戏,适合各个年龄段的玩家参与。

案例九

舞动的粒子小程序

案例描述

舞动的粒子小程序通常指的是使用JavaScript(JS)编写的动态粒子效果。这些粒子在屏幕上以各种方式移动、旋转、聚集或分散,形成视觉上的动态和互动效果。舞动的粒子常用于创建动态背景,使网页更加生动和吸引人。本案例通过在网页上移动鼠标触发舞动的粒子效果,使粒子向四周扩散。

案例功能分析

通过鼠标移动事件和触屏事件编程并结合Canvas画图函数,实现舞动粒子效果。当鼠标移动时,以鼠标为中心,五颜六色的圆形小球会同时向左上、右上、左下、右下4个方向,颜色由深到浅飘动着发散出去,逐渐淡出,其效果犹如跳舞的小女孩。图9-1所示为舞动的粒子效果。

舞动的粒子
小程序的演示

舞动的粒子
小程序的设计

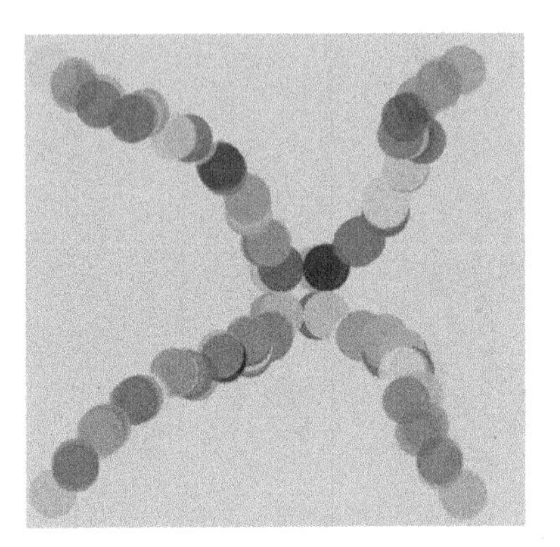
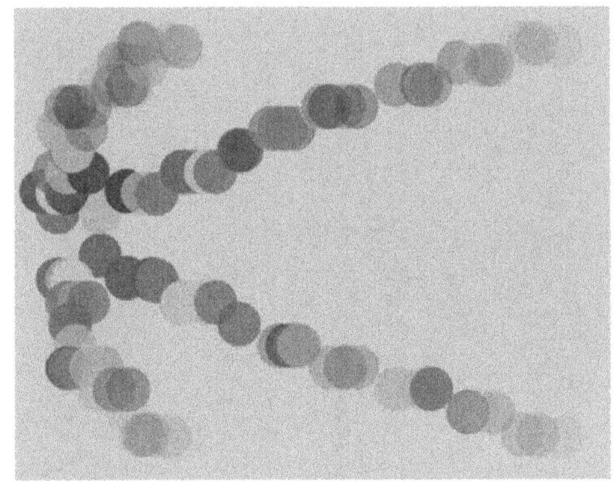

图9-1　舞动的粒子效果

任务一　舞动的粒子小程序的界面设计

```
<!--手机浏览器自适应代码-->
<META name=viewport content=width=device-width,initial-scale=1. 0,
minimum-scale=1. 0,maximum-scale=1. 0>
<style type="text/css">
 body{
  margin: 0px;/*页面边距*/
 }
 #canvas{/*实现舞动粒子效果的画板Canvas*/
  background: lightpink;/*粉色背景*/
 }
</style>
<body>
```

```
    <canvas id="canvas"></canvas><!--画板的id为canvas-->
</body>
```

任务二　舞动的粒子小程序的程序设计

```
<script>
var c =document. getElementById("canvas");
var ctx = c. getContext("2d");

function init()//画布适应浏览器窗口大小
{
  c. width=window. innerWidth;
  c. height=window. innerHeight;
}
window. onload=function(){init();}//浏览器加载事件
window. onresize=function(){init();}//浏览器窗口改变事件

//[{x:200,y:200,bj:30,r:255,g:0,b:0,a:1,fx:1,cous:10}];//圆列表
//以上列表中bj是半径,r、g、b是颜色,a是透明度
var arrlist=[];
var offset=30;
function hy(tmplist){//根据tmplist列表画圆的自定义函数
 ctx. clearRect(0,0,c. width,c. height);//清除画布的内容
 for(var i=0;i<tmplist. length;i++)
  { //移动次数为0,删除该元素
      if(tmplist[i]. cous==0){
       tmplist. splice(i,i+1);
       continue;
      }
      switch(tmplist[i]. fx)//根据不同方向,圆移动的位置
      {
       case 1://左上
         {tmplist[i]. x-=offset;tmplist[i]. y-=offset;break;}
       case 2://右上
         {tmplist[i]. x+=offset;tmplist[i]. y-=offset;break;}
       case 3://左下
         {tmplist[i]. x-=offset;tmplist[i]. y+=offset;break;}
       case 4://右下
         {tmplist[i]. x+=offset;tmplist[i]. y+=offset;break;}
```

```
            }
            tmplist[i]. a-=0. 1;//画圆的透明度不断降低
            if(tmplist[i]. a<0){tmplist[i]. a=0;}

            ctx. beginPath();
            ctx. strokeStyle="rgba("+tmplist[i]. r+","+tmplist[i]. g+","+tmplist[i]. b+
                            ","+tmplist[i]. a+")";//填充颜色,tmplist[i]. a是透明度
            //下面参数依次表示水平位置、垂直位置、半径、startAngle弧度、endAngle弧度、
是否逆时针(默认逆时针取true)
            ctx. arc(tmplist[i]. x,tmplist[i]. y,tmplist[i]. bj,0,2*Math. PI,false);
            ctx. fillStyle = "rgba("+tmplist[i]. r+","+tmplist[i]. g+","+tmplist[i]. b+
                        ","+tmplist[i]. a+")";
            ctx. fill();//填充
            ctx. closePath();
            ctx. stroke();//绘制图形
            tmplist[i]. cous-=1;//移动的次数减1
        }
    }
    setInterval(function(){
            hy(arrlist);//调用画圆的自定义函数
    },100);//启动动画

    c. onmousemove=function(){//鼠标移动事件自定义函数
      var e = event || window. event;
      var movex=e. clientX;
      var movey=e. clientY;
      var maxcous=Math. floor(Math. random()*2)+3;//鼠标移动一次生产的圆个数
      for(var j=0;j<=maxcous;j++)
      {
       var x=movex,y=movey,bj=30;//x、y是圆心位置,bj是半径
       var r=Math. floor(Math. random()*255);//红色r
       var g=Math. floor(Math. random()*255);//绿色g
       var b=Math. floor(Math. random()*255);//蓝色b
       var a=1;//画圆的透明度,1为不透明
       var fx=Math. floor(Math. random()*4)+1;
       var cous=10;//cous为每个圆移动的次数
       //将生成的圆插入圆列表头部
       arrlist. unshift({x:x,y:y,bj:bj,r:r,g:g,b:b,a:a,fx:fx,cous:cous});
      }
```

```
}
//兼容手机浏览器,监听touchmove事件
c. addEventListener('touchmove', function(e){
 var e = event || window. event;
 var movex=e. touches[0]. clientX;
 var movey=e. touches[0]. clientY;
 //鼠标移动一次生产的圆个数
 var maxcous=Math. floor(Math. random()*2)+3;
 for(var j=0;j<=maxcous;j++)
 {
   var x=movex,y=movey,bj=30;//x、y是圆心位置,bj是半径
   var r=Math. floor(Math. random()*255);//红色r
   var g=Math. floor(Math. random()*255);//绿色g
   var b=Math. floor(Math. random()*255);//蓝色b
   var a=1;//画圆的透明度,1为不透明
   var fx=Math. floor(Math. random()*4)+1;
   var cous=10;//cous为每个圆移动的次数
   //将生成的圆插入圆列表头部
   arrlist. unshift({x:x,y:y,bj:bj,r:r,g:g,b:b,a:a,fx:fx,cous:cous});
 }
 //阻止事件上抛给浏览器
 event. preventDefault();
}, false);
</script>
```

案例小结

以上是舞动的粒子效果实现,在此基础上可以通过响应用户的鼠标悬停、单击等操作,创建互动效果,来增加用户参与感。舞动的粒子使用场景非常广泛。例如,科技公司网站可以使用类似星空或数据流动的效果来增强科技感和立体感;使用粒子效果可以提升登录页面的视觉吸引力,让用户在进入网站时留下深刻印象;在展示数据时,动态粒子效果可以用来表示数据点或动态变化,以增强数据的可视化表现力。同时还可以让舞动的粒子变换成多种效果。只要掌握了编程方法,可以根据不同的应用场景,实现不同的舞动粒子效果。

案例十

智慧停车游戏小程序

 案例描述

本案例中的智慧停车游戏小程序是一款游戏体验式停车小程序。在设定的一个模拟停车场的环境中，输入车位号，游戏中的小汽车便能自动规划并行驶至指定车位。通过编程设计路径规划算法，根据玩家输入的车位号，计算出合理的行驶路线，游戏中的小汽车便会自动启动，沿着规划的路线行驶至指定车位。这一过程模拟了自动驾驶技术，使玩家感受到科技的魅力。

案例功能分析

本案例通过建立车位列表用于存储模拟停车场中每个车位的标注信息。车位列表中每个元素的数据格式如{startx:0,starty:0,startjd:0,endx:0,endy:0,endjd:0}，其中各项解释如下。

智慧停车游戏小程序的演示　　智慧停车游戏小程序的设计

①startx：停车位起点的水平位置。

②starty：停车位起点的垂直位置。

③startjd：车位起点的角度。

④endx：停车位停好车后的水平位置。

⑤endy：停车位停好车后的垂直位置。

⑥endjd：车位停好车后的角度。

根据车位列表信息设计算法，规划从a停车位到b停车位的停车线路，步骤如下。

(1)从a停车位垂直向前跑50。

(2)向一边水平右移，一边旋转，一边垂直向前，直到到达a停车位的starty和startjd。

(3)水平移动到b停车位的startx。

(4)b停车位的startx向左移动30。

(5)向一边水平左移，一边旋转，一边垂直后退进入b停车位，直到到达b停车位的endx和endjd。

(6)垂直退到b停车位的endy。

图10-1所示为从6号车位到1号车位的停车线路图。

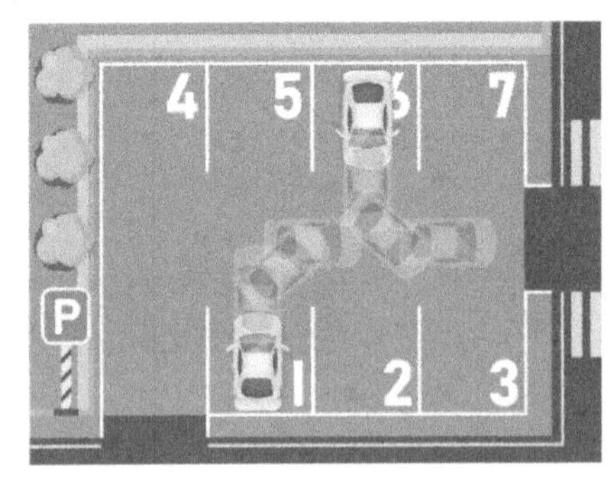

图10-1　从6号车位到1号车位的停车线路图

任务一　智慧停车游戏小程序的样式设计

CSS代码如下：

```
<style type="text/css">
```

```
    body {
        margin-left: 0px;/*网页无边距样式*/
        margin-top: 0px;
        margin-right: 0px;
        margin-bottom: 0px;
        text-align: center;
        font-size: 16px;
    }
    #tc{/*停车场容器层*/
        position:relative;
        width: 400px;
        height: 300px;
        }
    #im1{/*停车场背景图片,id为im1*/
        position:absolute;
        left:0px;top:0px;
        z-index:1;
        width:100%;height:100%;
        }
    #im2{/*小汽车图片,id为im2*/
        position: absolute;
        left: 63px;
        top: 196px;/*小汽车的开始位置*/
        width: 50px;
        height: 70px;
        z-index: 2;
        }
</style>
```

任务二　智慧停车游戏小程序的界面设计

小贴士

停车场背景图片bj. jpg和小汽车图片car. png的下载地址：
http://14. 116. 207. 34:880/lb/download/bg_car. rar

```
<!--手机浏览器自适应代码-->
<META name=viewport  content=width=device-width,initial-scale=1. 0,
minimum-scale=1. 0,maximum-scale=1. 0>
```

```
<body>
<table width="50%" align="center"><tr>
 <td align="center">
 <div id="tc"><!--停车场容器层,id为tc-->
        <!--小汽车图片,id为im2--><!--停车场背景图片,id为im1-->
        <img id="im2" src="car. png"/><img id="im1" src="bj. jpg">
 </div>
 </td>
</tr></table>
</body>
```

任务三　智慧停车游戏小程序的程序设计

```
<script type="text/javascript" src="jquery-3. 1. 1. min. js"></script>
<script>
function wy_xz(tmpid,left,top,jd)//让图片位移+旋转的自定义函数
{
 var ids="#"+tmpid;//图片的id
 //w、h分别表示图片的长和宽
 var w=parseInt($(ids). css("width"). substr(0,($(ids). css("width"). length-2)));
 var h=parseInt($(ids). css("height"). substr(0,($(ids). css("height"). length-2)));
 //变量left、top为图片的位置
 $(ids). css("left",left+"px");
 $(ids). css("top",top+"px");
 //以下是旋转角度
 $(ids). css("transform","rotate(" + jd + "deg)"); //旋转某个层
 $(ids). css("-ms-transform","rotate(" + jd + "deg)"); /* Internet Explorer */
 $(ids). css("-moz-transform","rotate(" + jd + "deg)"); /* Firefox */
 $(ids). css("-webkit-transform","rotate(" + jd + "deg)"); /* Safari 和 Chrome */
 $(ids). css("-o-transform","rotate(" + jd + "deg)"); /* Opera */
}//位移+旋转函数结束
//parseInt($("#im2"). css("left"). substr(0,($("#im2"). css("left"). length-2)));
var car_list=[];//车位列表
/*car_list里面的一个元素如下:
 *{startx:0,starty:0,startjd:0,endx:0,endy:0,endjd:0};
 *startx为停车位起点的水平位置
 *starty为停车位起点的垂直位置
 *startjd为车位起点的角度
 *endx为停车位停好车后的水平位置
```

```
 *endy为停车位停好车后的垂直位置
 *endjd为车位停好车后的角度
*/
for(var i=0;i<=7;i++)//初始化7个停车位的位置标注
{
 car_list. push({startx:0,starty:0,startjd:0,endx:0,endy:0,endjd:0});//添加到列表尾部
}
//下半部分车位开始第一个的参数标注
car_list[0]. startx=136;//车入位的开始水平位置
car_list[0]. starty=113;//车入位的开始垂直位置是中间高度位置
car_list[0]. startjd=90;//车入位的开始角度是旋转90°
car_list[0]. endx=63;//车停好后的水平位置
car_list[0]. endy=196;//车停好后的垂直位置
car_list[0]. endjd=0;//车停好后的角度是0

for(i=1;i<=3;i++)
{//1~3号车位的后面startx和endx值为前面的+73,其他一样
 car_list[i]. startx=car_list[i-1]. startx+73;
 car_list[i]. starty=car_list[i-1]. starty;
 car_list[i]. startjd=car_list[i-1]. startjd;
 car_list[i]. endx=car_list[i-1]. endx+73;
 car_list[i]. endy=car_list[i-1]. endy;
 car_list[i]. endjd=car_list[i-1]. endjd;
}

//上半部分车位开始第一个的参数标注
car_list[4]. startx=136;//车入位的开始水平位置
car_list[4]. starty=113;//车入位的开始垂直位置是中间高度位置
car_list[4]. startjd=90;//车入位的开始角度是旋转90°
car_list[4]. endx=63;//车停好后的水平位置
car_list[4]. endy=30;//车停好后的垂直位置
car_list[4]. endjd=180;//车停好后的角度是180°

for(i=5;i<=7;i++)
{//5~7号车位的后面startx和endx值为前面的+73,其他一样
 car_list[i]. startx=car_list[i-1]. startx+73;
 car_list[i]. starty=car_list[i-1]. starty;
 car_list[i]. startjd=car_list[i-1]. startjd;
 car_list[i]. endx=car_list[i-1]. endx+73;
```

```
 car_list[i]. endy=car_list[i-1]. endy;
 car_list[i]. endjd=car_list[i-1]. endjd;
}
/*从a停车位跑到b停车位的过程:
*1. 从a停车位垂直向前跑50
*2. 向一边水平右移,一边旋转,一边垂直向前,直到到达a停车位的starty和startjd
*3. 水平移动到b停车位的startx
*4. b停车位的startx向左移动30
*5. 向一边水平左移,一边旋转,一边垂直后退进入b停车位,直到到达b停车位的endx和endjd
*6. 垂直退到b停车位的endy
*/
var tarpos=0;//目标车位,对应car_list列表下标
var curpos=0;//当前车位,对应car_list列表下标
var cous=7;//7个停车位
var id=0;//停车动画的id
const offset=5;//位移值
function atob(tmp_car1,tmp_car2)//从一个停车位到另一个停车位的自定义函数
{
  var y1=tmp_car1. endy,adds=offset,bz=1;//bz是步骤序号,可取1、2、3、4、5、6
  var jd1=tmp_car1. endjd,addsjd=offset*2;
  var x1=tmp_car1. endx;
  id=setInterval(function(){//先向前跑50
      switch(bz)
      {
       case 1://先从该车位向前跑50
             if(y1<tmp_car1. starty)//递增
             {
               y1+=adds;
               if(y1>=tmp_car1. endy+50)//递增判断是否大于
               {y1=tmp_car1. endy+50;}
             }
             else//递减
             {
               y1-=adds;
               if(y1<=tmp_car1. endy-50)//递减判断是否小于
               {y1=tmp_car1. endy-50;}
             }
             wy_xz("im2",x1,y1,jd1);//向前跑
             if((y1==tmp_car1. endy+50)||(y1==tmp_car1. endy-50))
```

```
{
  bz=2;//这一步完成,转到下一步
}
break;
case 2://一边右移,一边向前,一边旋转,直到到达a停车位的starty和startjd
x1+=Math. abs(adds);//水平向前,adds一定是正数
if(y1<tmp_car1. starty)//垂直递增
{
  y1+=adds;
  if(y1>=tmp_car1. starty)//递增判断是否大于
  {
      y1=tmp_car1. starty;//车到了指定的中间高度
  }
}//垂直递增结束
else//垂直递减
{
  y1-=adds;
  if(y1<=tmp_car1. starty)//递减判断是否小于
  {
      y1=tmp_car1. starty;//车到了指定的中间高度
  }
}//垂直递减结束

if(jd1<tmp_car1. startjd)//顺时针旋转
{
    jd1+=addsjd;
    if(jd1>=tmp_car1. startjd)//旋转到位了
    {
        jd1=tmp_car1. startjd;
    }
}//顺时针旋转结束
else//否则就逆时针旋转
{
    jd1-=addsjd;
    if(jd1<=tmp_car1. startjd)//旋转到位了
    {
        jd1=tmp_car1. startjd;
    }
```

```
        }//逆时针旋转结束

        wy_xz("im2",x1,y1,jd1);//调用移动旋转函数

        if((y1==tmp_car1. starty)&&(jd1==tmp_car1. startjd))
        {
         bz=3;//这一步完成,转到下一步
        }
        break;
    case 3://x1到b停车位的startx
        if(x1<tmp_car2. startx)
        {
         x1+=offset;
         if(x1>=tmp_car2. startx){x1=tmp_car2. startx;}
        }
        else
        {
         x1-=offset;
         if(x1<=tmp_car2. startx){x1=tmp_car2. startx;}
        }
        wy_xz("im2",x1,y1,jd1);//调用移动旋转函数
        if(x1==tmp_car2. startx){bz=4;}//这一步的目标完成,转到下一步
         break;
    case 4://从b停车位的startx左移30
        x1-=offset;
        if(x1<=tmp_car2. startx-30){x1=tmp_car2. startx-30;}

        wy_xz("im2",x1,y1,jd1);//调用移动旋转函数

        if(x1==(tmp_car2. startx-30)){bz=5;}//这一步的目标完成,转到下一步
        break;
    case 5://一边左移,一边退入目标b停车位,一边旋转,直到到达b停车位的endx和endjd
        x1-=offset;//左移
        if(x1<=tmp_car2. endx){x1=tmp_car2. endx;}//到达endx
        if(jd1<tmp_car2. endjd)//顺时针旋转
        {
         jd1+=addsjd;//角度递增
         if(jd1>=tmp_car2. endjd){jd1=tmp_car2. endjd;}//到达endjd
```

```
    }
    else//逆时针旋转
    {
     jd1-=addsjd;//角度递减
     if(jd1<=tmp_car2. endjd){jd1=tmp_car2. endjd;}//到达endjd
    }
    if(y1<tmp_car2. endy)//递减进入车位
    {
       y1+=adds;
    }
    else//递增进入车位
    {
       y1-=adds;
    }
    wy_xz("im2",x1,y1,jd1);//调用移动旋转函数
    if((x1==tmp_car2. endx)&&(jd1==tmp_car2. endjd))
    {bz=6;}//这一步的目标完成,转到下一步
    break;
case 6://退到b停车位的endy
    if(y1<tmp_car2. endy)
    {
     y1+=adds;
     if(y1>=tmp_car2. endy){y1=tmp_car2. endy;}
    }
    else
    {
     y1-=adds;
     if(y1<=tmp_car2. endy){y1=tmp_car2. endy;}
    }
    wy_xz("im2",x1,y1,jd1);//调用移动旋转函数
    if(y1==tmp_car2. endy)
    {
     clearInterval(id);//停车完成
     id=0;
     curpos=tarpos;//目标车位就是当前车位
     alert("停车结束!");
    }
  break;
```

```
        }
  },50);//向前跑50结束
}

var im1=document. getElementById("im1");
im1. onclick=function(){//单击停车场背景图片,输入要停的车位的自定义函数
  if(id!=0){alert("正在停车,稍后重试!");return;}//还在停车,就退出
  var tmpposstr=prompt("请输入要停的车位1~7");
  //输入空字符和单击"取消"按钮,就退出
  if((tmpposstr==null)||(tmpposstr=="")) {return;}
  try
  {
      var tmppos=parseInt(tmpposstr);//变成整数
      var tmppos1=eval(tmpposstr);//计算
      if(tmppos!=tmppos1)
      {
       alert("输入错误,请输入正整数!");
       return;
      }
      if(tmppos==curpos)
      {
        alert("车已在车位上!");
      }
      else if((tmppos>=1)&&(tmppos<=7))
      {
        tarpos=tmppos;//设置为当前车位
        atob(car_list[curpos],car_list[tarpos]);//调用停车函数
      }
      else
      {
        alert("车不存在!");
      }
  }
  catch(e)
  {
      alert("输入错误,请输入正整数!");
  }
}
</script>
```

案例小结

以上是智慧停车游戏小程序功能的实现。后续可以增加游戏的趣味性、挑战性和可玩性，例如，设置行驶速度、是否开启避障模式等，来影响小汽车的行驶表现；设计多种不同的停车场场景，包括室内停车场、露天停车场、多层停车场等，每个场景都有其独特的挑战和难度。这样可以让玩家在轻松愉快的氛围中了解自动驾驶技术的基本原理和掌握路径规划算法的应用，激发玩家对科技的兴趣和好奇心。

案例十一

吞噬蛇游戏小程序

案例描述

吞噬蛇游戏,更常见的称呼是贪吃蛇,是一款历史悠久且广受欢迎的休闲益智游戏。游戏基本规则:玩家通过控制蛇头的移动来吃掉屏幕上的食物(通常是豆子或点)。随着食物的摄入,蛇的身体会逐渐变长,如果摄入有毒食物身体就会变短,直至最后消亡(游戏失败)。玩家的目标是在规定时间内让蛇身尽可能地变长,同时避免蛇头卷入自己的身体而锁死(游戏失败)。本案例主要讲解吞噬蛇游戏中核心功能的实现,即如何动态控制蛇身的长度、蛇身的移动和行进的方向。

案例功能分析

通过鼠标事件和触屏事件编程,并结合 Canvas 的图片控制函数 drawImage()和 getImageData(),实现蛇身长度、蛇身移动和行进方向的控制。根据鼠标移动前后的位置信息计算蛇身移动的距离和行进的方向。蛇身行进的方向为左、右、上、下4个方向。蛇身移动规则:先将蛇身列表中每一个元素的位置值依次赋给前面的元素,最后蛇身列表中的最后一个元素"蛇头",根据方向移动一个蛇节的大小。根据蛇身节数(长度)变量的值和缩放比例,绘制蛇身。

吞噬蛇游戏小程序的演示

吞噬蛇游戏小程序的设计

蛇身列表元素,如{x:0,y:0,img:img_st},其中x、y分别是水平位置和垂直位置,img是图片。图11-1所示为蛇身移动效果图。

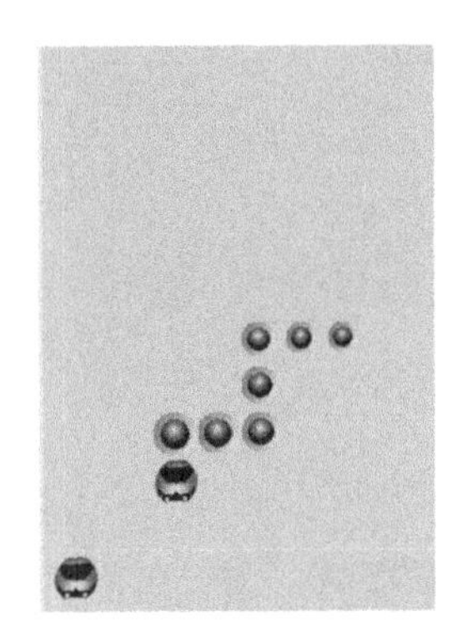
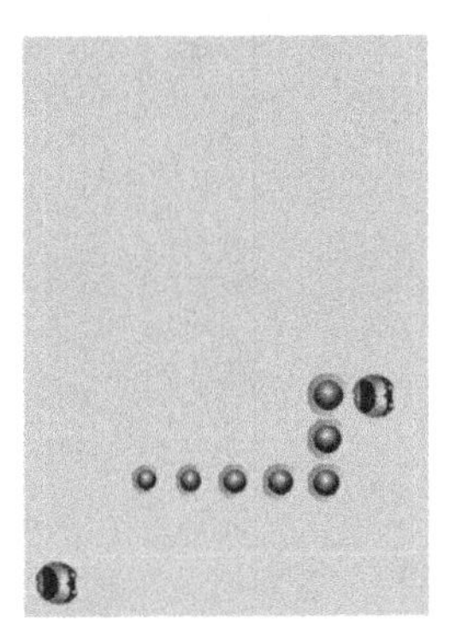

图11-1 蛇身移动效果图

任务一 吞噬蛇游戏小程序的界面设计

```
<!--手机浏览器自适应代码-->
<META name=viewport  content=width=device-width,initial-scale=1. 0,
minimum-scale=1. 0,maximum-scale=1. 0>
<style type="text/css">
body {
    background:rgba(128,242,244,1. 00);
}
```

```
. draw{/*画板样式*/
      border:1px solid #d3d3d3;
}
</style>
</head>
<body>
<table width="100%" border="0">
 <tr>
  <td style="text-align: center">
   <!--蛇身移动的画板,id为drawing-->
   <canvas id="drawing" width="350" height="350" class="draw"></canvas>
  </td>
 </tr>
</table>
<!--左下角显示蛇头移动方向图标的画板,id为drawing1-->
<canvas id="drawing1" width="40" height="40" class="draw"></canvas>
</body>
```

任务二　吞噬蛇游戏小程序的程序设计

小贴士

游戏图片素材的下载地址：

http://14. 116. 207. 34:880/lb/download/img. rar

```
<script type="text/javascript" src="jquery-3. 1. 1. min. js"></script>
<script>
      //画布的长宽imgw、imgh分别为蛇身的长宽,cous为蛇一开始的节数(长度)
      //offset为蛇身不断变小的比例;offset1为蛇身比例,用于判断鼠标移动
      var dw=window. innerWidth*0. 9,dh=window. innerHeight*0. 9;
      var imgw=40,imgh=imgw;
      var cous=8,offset=0. 05,offset1=0. 7,isdown=0,xdown=0,ydown=0;
      var oldcanvas=null,tmpx=0,tmpy=0;//保存原来的屏幕
      var drawing = document. getElementById('drawing');
      var drawing1 = document. getElementById('drawing1');
      drawing. height=dh;//蛇身移动的画板
      drawing. width=dw;
      drawing1. height=imgw;//左下角显示蛇头移动方向图标的画板
      drawing1. width=imgh;
```

```
//定义一个图片对象
var img_head = new Image();//蛇头图片
/*对于跨域的图片,只要能够在网页中正常显示出来,就可以使用Canvas的drawImage() API绘制出来。但是如果你想更进一步,通过getImageData()方法获取图片完整的像素信息,则多半会出错。若想解决该问题,提供的属性名应是crossOrigin属性,将该属性设置为空即可*/
img_head. crossOrigin="";
img_head. src="head. png";
img_head. id="img_head";

var img_st = new Image(); //蛇身图片
img_st. crossOrigin="";
img_st. src="st. png";


//获取Canvas上下文信息
var ctx = drawing. getContext('2d');
var ctx1 = drawing1. getContext('2d');
var img_list=[];
for(var i=0;i<cous;i++)//生成蛇身初始列表
{
    var tmp_json={x:0,y:0,img:img_st};//蛇身的位置和蛇身图片
    tmp_json. x=0+i*imgw;
    tmp_json. y=0;
    if(i==cous-1){tmp_json. img=img_head;}//最后一个是蛇头图片
    img_list. push(tmp_json);//在列表的尾部添加元素
}
function sleep(delay){//延迟函数
    var start = new Date(). getTime();
    while(new Date(). getTime()-start<delay)
    {continue;}
}
function loadimg(){//加载蛇身列表,并显示
        //ctx. rotate(Math. PI/3);
        for(var i=0;i<cous;i++)
        {
        //蛇身从尾部到头部,越来越长
        ctx. drawImage(img_list[i]. img, img_list[i]. x, img_list[i]. y,
```

```
                imgw*(1-(cous-1-i)*offset), imgh*(1-(cous-1-i)*offset));
        }
}
//保存Canvas的像素信息到oldcanvas
oldcanvas = ctx. getImageData(0, 0, dw, dh);
sleep(500);//延迟加载,保证能显示出图片
//setTimeout("loadimg()",200);
loadimg();
ctx1. rotate(Math. PI/2);//旋转画布90°
ctx1. drawImage(img_head, 0, -imgh, imgw, imgh);
drawing1. width=imgw;//重设画布尺寸,画布的内容就会被删除
ctx1. rotate(Math. PI);//旋转画布180°
ctx1. drawImage(img_head, -imgw, -imgh, imgw, imgh);
drawing1. width=imgw;//重设画布尺寸,画布的内容就会被删除
ctx1. rotate(-Math. PI/2);//旋转画布-90°
ctx1. drawImage(img_head, -imgw, 0, imgw, imgh);
//鼠标事件触发,以下是鼠标事件
drawing. onmousedown=function(event){
  isdown=1;
  var rectobj=this. getBoundingClientRect();//获取物体相对于文档元素的位置
  var e = event || window. event;
  xdown=e. clientX-rectobj. left;//保存鼠标刚按下的位置
  ydown=e. clientY-rectobj. top;
}
drawing. onmousemove=function(event){
    if(isdown==0){return;}//没有按下鼠标的移动就退出
    //获取物体相对于文档元素的位置
    var rectobj=this. getBoundingClientRect();
    var x=rectobj. left;
    var y=rectobj. top;
    var e = event || window. event;
    var tmpx=e. clientX-x-xdown;//计算鼠标x方向的移动距离
    var tmpy=e. clientY-y-ydown;//计算鼠标y方向的移动距离
    var roates=0,flg=false;//蛇头需要旋转的角度
    //水平向右移动
    if((tmpx>=imgw*offset1)&&(img_list[cous-1]. x+imgw<=dw-imgw)){
        for(var i=0;i<=cous-2;i++)
        {
            //蛇头向右移动后不能与其他蛇身相重叠
```

```
            if((img_list[i]. x==img_list[cous-1]. x+imgw)
                                    &&(img_list[i]. y==img_list[cous-1]. y))
            {return;}//不移动
        }
        for(i=0;i<=cous-2;i++)
        {
            img_list[i]. x=img_list[i+1]. x;
            img_list[i]. y=img_list[i+1]. y;
        }
        //蛇身整体移动一个身位imgw
        img_list[cous-1]. x=img_list[cous-1]. x+imgw;
        flg=true;
    }
    else if((tmpx<=-imgw*offset1)&&(img_list[cous-1]. x-imgw>=0))
    { //水平向左移动
        for(var i=0;i<=cous-2;i++)
        {
            //蛇头向左移动后不能与其他蛇身相重叠
            if((img_list[i]. x==img_list[cous-1]. x-imgw)
                                &&(img_list[i]. y==img_list[cous-1]. y))
            {return;}//不移动
        }
        for(i=0;i<=cous-2;i++)
        {
            img_list[i]. x=img_list[i+1]. x;
            img_list[i]. y=img_list[i+1]. y;
        }
        img_list[cous-1]. x=img_list[cous-1]. x-imgw;//蛇身移动一个身位imgw
        roates=180;//蛇头需要旋转180°
        flg=true;
    }
    else if((tmpy>=imgh*offset1)&&(img_list[cous-1]. y+imgh<=dh-imgh))
    {//垂直向下移动
        for(var i=0;i<=cous-2;i++)
        {
            //蛇头向下移动后不能与其他蛇身相重叠
            if((img_list[i]. y==img_list[cous-1]. y+imgh)
                                    &&(img_list[i]. x==img_list[cous-1]. x))
            {return;}//不移动
```

```
            }
            for(i=0;i<=cous-2;i++)
            {
                img_list[i]. x=img_list[i+1]. x;
                img_list[i]. y=img_list[i+1]. y;
            }
            img_list[cous-1]. y=img_list[cous-1]. y+imgh;//蛇身移动一个身位 imgh
            roates=90;//蛇头需要旋转 90°
            flg=true;
        }
        else if((tmpy<=-imgh*offset1)&&(img_list[cous-1]. y-imgh>=0))
        {   //垂直向上移动
            for(var i=0;i<=cous-2;i++)
            {
                //蛇头向上移动后不能与其他蛇身相重叠
                if((img_list[i]. y==img_list[cous-1]. y-imgh)
                                    &&(img_list[i]. x==img_list[cous-1]. x))
                  {return;}//不移动
            }
            for(i=0;i<=cous-2;i++)
            {
                img_list[i]. x=img_list[i+1]. x;
                img_list[i]. y=img_list[i+1]. y;
            }
            img_list[cous-1]. y=img_list[cous-1]. y-imgh;//蛇身移动一个身位 imgh
            roates=-90;//蛇头需要旋转-90°
            flg=true;
        }
        if(flg==true)//如果 flg 为真
        { //恢复原始屏幕像素
var clone = new ImageData(new Uint8ClampedArray(oldcanvas. data), dw, dh);
            ctx. putImageData(clone, 0, 0);//恢复原始屏幕像素

            //画出移动后蛇的位置
            for(var i=0;i<=cous-2;i++)
            {//根据蛇身列表,画出新的蛇身
                ctx. drawImage(img_list[i]. img, img_list[i]. x, img_list[i]. y,
                         imgw*(1-(cous-1-i)*offset), imgh*(1-(cous-1-i)*offset));
            }
```

```
    if(roates==0)
    {
        ctx. drawImage(img_list[cous-1]. img, img_list[cous-1]. x,
                              img_list[cous-1]. y, imgw, imgh);//画出新的蛇头
        drawing1. width=imgw;//重设画布尺寸,画布的内容就会被删除
        //在左下角画出新的蛇头,显示蛇的移动方向
         ctx1. drawImage(img_head, 0, 0, imgw, imgh);
    }
    else if(roates==-90)
    {
        drawing1. width=imgw;//重设画布尺寸,画布的内容就会被删除
        ctx1. rotate(-Math. PI/2);//旋转画布-90°
        //在左下角画出新的蛇头,显示蛇的移动方向
        ctx1. drawImage(img_head, -imgw, 0, imgw, imgh);
    }
    else if(roates==90)
    {
        drawing1. width=imgw;//重设画布尺寸,画布的内容就会被删除
        ctx1. rotate(Math. PI/2);//旋转画布90°
        //在左下角画出新的蛇头,显示蛇的移动方向
        ctx1. drawImage(img_head, 0, -imgh, imgw, imgh);
    }
    else if(roates==180)
    {
        drawing1. width=imgw;//重设画布尺寸,画布的内容就会被删除
        ctx1. rotate(Math. PI);//旋转画布180°
        //在左下角画出新的蛇头,显示蛇的移动方向
        ctx1. drawImage(img_head, -imgw, -imgh, imgw, imgh);
    }

    if(roates!=0){
      //保存drawing1的像素信息到tmpctx
      var tmpctx=ctx1. getImageData(0, 0, imgw, imgh);
clone = new ImageData(new Uint8ClampedArray(tmpctx. data), imgw, imgh);
      //复制tmpctx到ctx中
      ctx. putImageData(clone, img_list[cous-1]. x, img_list[cous-1]. y);
  }
    xdown=e. clientX-x;//更新xdown的位置
     ydown=e. clientY-y;//更新ydown的位置
```

```
        }
};
drawing. onmouseup=function(){isdown=0;}//重置 isdown
drawing. onmouseout=function(){isdown=0;}
//以下是适合手机浏览器的事件
drawing. addEventListener('touchstart', function(e){//监听 touchstart 事件
    isdown=1;
    //获取物体相对于文档元素的位置
    var rectobj=this. getBoundingClientRect();
    xdown=e. touches[0]. clientX-rectobj. left;
    ydown=e. touches[0]. clientY-rectobj. top;
    //阻止事件上抛给浏览器
    event. preventDefault();
}, false);

drawing. addEventListener('touchmove', function(e){//监听 touchmove 事件
    if(isdown==0){return;}
    //获取物体相对于文档元素的位置
    var rectobj=this. getBoundingClientRect();
    var x=rectobj. left;
    var y=rectobj. top;
    var tmpx=e. touches[0]. clientX-x-xdown;
    var tmpy=e. touches[0]. clientY-y-ydown;

    var roates=0,flg=false;//蛇头需要旋转的角度
    if((tmpx>=imgw*offset1)&&(img_list[cous-1]. x+imgw<=dw-imgw)){
        //水平向右移动
        for(var i=0;i<=cous-2;i++)
        {
            //蛇头向右移动后不能与其他蛇身相重叠
            if((img_list[i]. x==img_list[cous-1]. x+imgw)
                                    &&(img_list[i]. y==img_list[cous-1]. y))
             {return;}//不移动
        }
        for(i=0;i<=cous-2;i++)
        {
            img_list[i]. x=img_list[i+1]. x;
            img_list[i]. y=img_list[i+1]. y;
        }
```

```
        img_list[cous-1]. x=img_list[cous-1]. x+imgw;//蛇身移动一个身位imgw
        flg=true;
    }
    else if((tmpx<=-imgw*offset1)&&(img_list[cous-1]. x-imgw>=0))
    //水平向左移动
    {
        for(var i=0;i<=cous-2;i++)
        {
            //蛇头向左移动后不能与其他蛇身相重叠
            if((img_list[i]. x==img_list[cous-1]. x-imgw)
                                    &&(img_list[i]. y==img_list[cous-1]. y))
             {return;}//不移动
        }
        for(i=0;i<=cous-2;i++)
        {
            img_list[i]. x=img_list[i+1]. x;
            img_list[i]. y=img_list[i+1]. y;
        }
        img_list[cous-1]. x=img_list[cous-1]. x-imgw;//蛇身移动一个身位imgw
        roates=180;//蛇头需要旋转180°
        flg=true;
    }
    else if((tmpy>=imgh*offset1)&&(img_list[cous-1]. y+imgh<=dh-imgh))
    //垂直向下移动
    {
        for(var i=0;i<=cous-2;i++)
        {
            //蛇头向下移动后不能与其他蛇身相重叠
            if((img_list[i]. y==img_list[cous-1]. y+imgh)
                                    &&(img_list[i]. x==img_list[cous-1]. x))
             {return;}//不移动
        }
        for(i=0;i<=cous-2;i++)
        {
            img_list[i]. x=img_list[i+1]. x;
            img_list[i]. y=img_list[i+1]. y;
        }
        img_list[cous-1]. y=img_list[cous-1]. y+imgh;//蛇身移动一个身位imgh
        roates=90;//蛇头需要旋转90°
```

```
        flg=true;
    }
    else if((tmpy<=-imgh*offset1)&&(img_list[cous-1]. y-imgh>=0))
    //垂直向上移动
    {
        for(var i=0;i<=cous-2;i++)
        {
            //蛇头向上移动后不能与其他蛇身相重叠
            if((img_list[i]. y==img_list[cous-1]. y-imgh)
                                    &&(img_list[i]. x==img_list[cous-1]. x))
             {return;}//不移动
        }
        for(i=0;i<=cous-2;i++)
        {
            img_list[i]. x=img_list[i+1]. x;
            img_list[i]. y=img_list[i+1]. y;
        }
        img_list[cous-1]. y=img_list[cous-1]. y-imgh;//蛇身移动一个身位imgh
        roates=-90;//蛇头需要旋转-90°
        flg=true;
    }

    if(flg==true)//如果flg为真
    {  //恢复原始屏幕像素
var clone = new ImageData(new Uint8ClampedArray(oldcanvas. data), dw, dh) ;
        ctx. putImageData(clone, 0, 0); //恢复原始屏幕像素

        //画出移动后蛇的位置
        for(var i=0;i<=cous-2;i++)
        {//根据蛇身列表,画出新的蛇身
            ctx. drawImage(img_list[i]. img, img_list[i]. x, img_list[i]. y,
                      imgw*(1-(cous-1-i)*offset), imgh*(1-(cous-1-i)*offset));
        }

        if(roates==0)
        {
            ctx. drawImage(img_list[cous-1]. img, img_list[cous-1]. x,
                                img_list[cous-1]. y, imgw, imgh);//画出新的蛇头
            drawing1. width=imgw;//重设画布尺寸,画布的内容就会被删除
```

```
            //在左下角画出新的蛇头,显示蛇的移动方向
            ctx1. drawImage(img_head, 0, 0, imgw, imgh);
        }
        else if(roates==-90)
        {
            drawing1. width=imgw;//重设画布尺寸,画布的内容就会被删除
            ctx1. rotate(-Math. PI/2);//旋转画布-90°
            //在左下角画出新的蛇头,显示蛇的移动方向
            ctx1. drawImage(img_head, -imgw, 0, imgw, imgh);
        }
        else if(roates==90)
        {
            drawing1. width=imgw;//重设画布尺寸,画布的内容就会被删除
            ctx1. rotate(Math. PI/2);//旋转画布90°
            //在左下角画出新的蛇头,显示蛇的移动方向
            ctx1. drawImage(img_head, 0, -imgh, imgw, imgh);
        }
        else if(roates==180)
        {
             drawing1. width=imgw;//重设画布尺寸,画布的内容就会被删除
             ctx1. rotate(Math. PI);//旋转画布180°
             //在左下角画出新的蛇头,显示蛇的移动方向
             ctx1. drawImage(img_head, -imgw, -imgh, imgw, imgh);
        }

        if(roates!=0){
          //保存drawing1的像素信息到tmpctx
          var tmpctx=ctx1. getImageData(0, 0, imgw, imgh);
clone = new ImageData(new Uint8ClampedArray(tmpctx. data), imgw, imgh);
          //复制tmpctx到ctx中
          ctx. putImageData(clone, img_list[cous-1]. x, img_list[cous-1]. y);
      }
      xdown=e. touches[0]. clientX-x;//更新xdown的位置
      ydown=e. touches[0]. clientY-y;//更新ydown的位置
  }
  //阻止事件上抛给浏览器
  event. preventDefault();
}, false);
drawing. addEventListener('touchend', function(e){//监听touchend事件
```

```
            isdown=0;
        }, false);
    </script>
```

案例小结

以上是吞噬蛇游戏小程序功能的实现。后续可以进一步完善食物和毒物的随机出现形式，增加食物和毒物的类型和品种，设置特定的关卡或任务，要求玩家在限定时间内完成，以提升游戏的可玩性。还可以优化吞噬蛇游戏小程序的界面设计，允许玩家选择和装扮蛇的外观和形状等，以提升游戏的趣味性。

案例十二

飞机游戏小程序

案例描述

飞机游戏小程序是一类以飞机为主题的游戏小程序，玩家在游戏中可以操控主飞机进行飞行、战斗、探索等任务。飞机游戏类型多样，包括但不限于射击类、模拟类、策略类等。本案例讲解的飞机游戏属于射击类，玩家操控飞机与敌方飞机进行空战，通过发射子弹、炸弹等武器来消灭敌人。射击类飞机游戏通常具有快节奏的游戏进程和高强度的战斗体验，玩家需要迅速反应并准确射击，以应对敌人的攻击。

案例功能分析

本案例射击类飞机游戏，通过鼠标事件和触屏事件并结合图像动画控制和audio声音播放控制编程，实现以下5项主要功能和效果。

（1）上下可移动变换的动态游戏背景，以及会动态变换的主战斗飞机。

（2）随机下降，且能跟踪式攻击主战斗机的敌机群。

（3）主战斗飞机控制子弹和炸弹的发射。

（4）主战斗飞机所发射子弹、炸弹的声音和动画效果。

（5）子弹和炸弹击中敌机的判断，以及敌机被打中后的爆炸效果。

图12-1所示为发射子弹、子弹击中敌机的游戏效果。

飞机游戏
小程序的演示

飞机游戏
小程序的设计

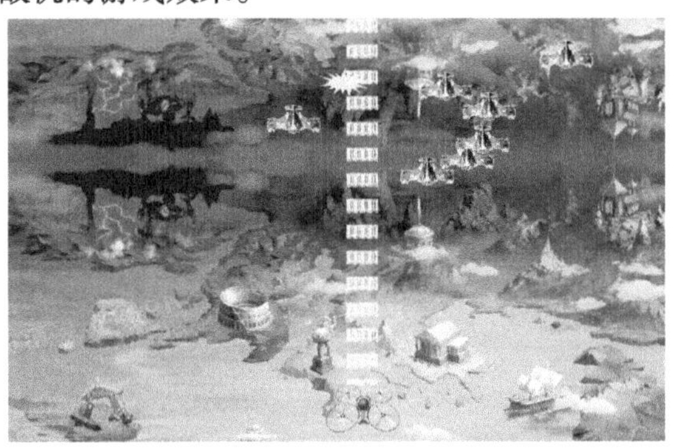

图12-1　发射子弹、子弹击中敌机的游戏效果

图12-2所示为发射炸弹、炸弹爆炸、炸弹击中敌机的游戏效果。

图12-2　发射炸弹、炸弹爆炸、炸弹击中敌机的游戏效果

任务一　飞机游戏小程序的样式设计

CSS代码如下：

```
<style type="text/css">
body {
    margin:0px;
    overflow:hidden;
}
. bj{/*游戏背景样式*/
    position:absolute;
    z-index:1;
}
#a1{
    /*游戏容器层,用于响应鼠标或触屏事件*/
    position:absolute;
    background-color:rgba(255,0,0,0);
    z-index:3;
}
#f{
    /*主飞机样式*/
    position:absolute;
    z-index:2;
    left:0px;
    top:0px;
}
. bmclass{
    /*爆炸、炸弹、子弹的样式*/
    position:absolute;
    z-index:2;
    left:0px;
    top:0px;
    display:none;
}
</style>
```

任务二　飞机游戏小程序的界面设计

小贴士

游戏图片素材的下载地址：
http://14. 116. 207. 34:880/lb/download/olane. rar

```
<!--手机浏览器自适应代码-->
<META name=viewport content=width=device-width,initial-scale=1. 0,
minimum-scale=1. 0,maximum-scale=1. 0>
<body>
    <div id="a1"></div><!--游戏容器层,用于响应鼠标或触屏事件,id为a1-->
    <!--两个游戏背景,id分别为bj1和bj2,实现动态背景-->
    <img src="111. jpg" width="1024" height="640" id="bj1" class="bj"
                                        style="left:0px;top:0px;" />
    <img src="222. jpg" width="1024" height="640" id="bj2" class="bj"
                                        style="left:0px;top:0px;" />
    <!--主飞机,id为f-->
    <img src="fj1. png" width="215" height="170" id="f"/>
    <!--敌机被打中的爆炸效果图,先隐藏,id为bm0-->
    <img src="bm1. png" width="20" height="20" id="bm0" class="bmclass"/>
    <!--主飞机发射的炸弹,先隐藏,id为bm-->
    <img src="bm. png" width="500" height="500" id="bm" class="bmclass"/>
    <script type="text/javascript">
    var sc1=0. 5;//敌机的缩放比例
    var sc2=0. 5;//敌机随机水平高度位置所占屏幕的高度
    var djwidth=150*sc1;//敌机的宽度和高度
    var djheight=98*sc1;
    var tmptop=0;//敌机随机垂直位置
    var tmpleft=0;//敌机随机水平位置
    var djcous=10;//敌机数量
    var gz_flg=0;//标记是否是跟踪攻击的敌机
    for(var i=1;i<=djcous;i++)//用JS的for循环输出所有敌机
    { //每架敌机初始化的随机高度位置,即从号位屏幕上方出现
      tmptop= -Math. random()*(sc2*window. innerHeight);
      //每架敌机初始化的随机水平位置
      tmpleft=Math. random()*(window. innerWidth-djwidth);
      if(Math. round(tmpleft)%3==0)
```

```
    {gz_flg=0;}
    else
    {gz_flg=1;}
    //输出敌机图片
    document. write("<img data-gz='"+gz_flg+
                    "' src='plane2. png' width='"+djwidth+
                    "' height='"+djheight+"' id='dj"+i+
                    "' style='position:absolute;z-index:2;left:"
                    +tmpleft+"px; top:"+tmptop+"px;'/>");
  }
  </script>
  <!--子弹的表格容器,先隐藏,id为zd-->
  <table border="0" cellspacing="0" cellpadding="0" id="zd" class="bmclass">
  <tr><!--子弹的单元格容器,显示子弹图片,id为zd1-->
  <td width="44" height="100" style="background:url(zd1. png)" id="zd1">
    
   </td> </tr>
  </table>
  <!--子弹声,先隐藏,id为music-->
   <audio id="music" src="qs. mp3" controls loop style="display:none"></audio>
  <!--爆炸声,先隐藏,id为bz-->
  <audio id="bz" src="bz. mp3" controls style="display:none"></audio>
</body>
```

任务三　飞机游戏小程序的程序设计

```
<script type="text/javascript" src="jquery-3. 1. 1. min. js"></script>
<script>
var bj1=document. getElementById("bj1");//游戏背景1,id为bj1
var bj2=document. getElementById("bj2");//游戏背景2,id为bj2
var a1=document. getElementById("a1");//游戏容器层,用于响应鼠标或触屏事件,id为a1
var f=document. getElementById("f");//主飞机,id为f
var zd=document. getElementById("zd");//子弹的表格容器,id为zd
var zd1=document. getElementById("zd1");//子弹单元格容器,显示子弹图片,id为zd1
var music=document. getElementById("music");//发射子弹的声音,id为music
var bz=document. getElementById("bz");//敌机被打中爆炸的声音,id为bz
var bm0=document. getElementById("bm0");//敌机被打中的爆炸图,id为bm0
var bm=document. getElementById("bm");//主飞机发射的炸弹图,id为bm
var sc=0. 7;//缩放比例
```

```
function init()//游戏初始化自定义函数
{
    bj1. width=window. innerWidth;//游戏背景图片全屏显示
    bj1. height=window. innerHeight;
    bj2. width=window. innerWidth;
    bj2. height=window. innerHeight;
    a1. style. width=window. innerWidth+"px";//游戏背景容器全屏显示
    a1. style. height=window. innerHeight+"px";
    bj2. style. top=window. innerHeight+"px";//bj2的位置在bj1的上面
    f. width=f. width*sc;//主飞机图片大小
    f. height=f. height*sc;
    //主飞机图片的开始位置
    f. style. left=(window. innerWidth-f. width)/2+"px";
    f. style. top=(window. innerHeight-f. height)+"px";
    //主飞机的top作为子弹的高度
    zd1. height=window. innerHeight-f. height;
    //主飞机的left+(屏幕的宽度-飞机的宽度)/2作为子弹的left
    zd. style. left=((window. innerWidth-f. width)/2+(f. width-zd1. width)/2)+"px";
}
window. onload=function(){init();}//浏览器加载事件
window. onresize=function(){init();}//浏览器窗口改变事件
init();
//isdown标记是否按下鼠标或触屏,offset为敌机移动的速度
var isdown=false,offset=5,yd=5;
var downx=0,downy=0,pd_cous_i=0;//pd_cous_i为炸弹向前移动次数
var bzlist=[];//爆炸效果的列表
a1. onmousedown=function(){//鼠标按下事件
    isdown=true;//标记按下鼠标
    //满足条件就在发射子弹时发射炸弹
    if((bm0. style. display!="block")&&(bzlist. length==0)){
        bm0. style. top=f. style. top;
        var leftstr=f. style. left. toString();
        var leftint=parseInt(leftstr. substring(0,leftstr. length-2));//纯数字
        bm0. style. left=(leftint+f. width/2)+"px";
        pd_cous_i=0;//炸弹向前移动的次数,开始时为0,炸弹显示后开始向前移动
        bm0. style. display="block";//显示炸弹轨迹
    }
    zd. style. display="block";//子弹显示
    music. play();//播放子弹声音
```

```
}
a1. onmousemove=function(){//鼠标移动事件
     if (isdown==false) return;//没有按下鼠标就退出
    var e = event || window. event;
    var movex=e. clientX,movey=e. clientY;
    var width1=f. width;
    var height1=f. height;
    var ydy=movey-height1/2;
    //控制垂直方向使主飞机不会飞出屏幕
    if(ydy<0){ydy=0;}
    else if(ydy>window. innerHeight-height1){ydy=window. innerHeight-height1;}
    f. style. top=ydy+"px";
    zd1. height=ydy;//飞机的top作为子弹的高度height
    //控制水平方向使主飞机不会飞出屏幕
    var ydx=movex-width1/2;
    if(ydx<0){ydx=0;}
    else if(ydx>window. innerWidth-width1){ydx=window. innerWidth-width1;}
    f. style. left=ydx+"px";
    //飞机的left+(屏幕的宽度-飞机的宽度)/2作为子弹的left
    zd. style. left=(ydx+(f. width-zd1. width)/2)+"px";
}
a1. onmouseup=function(){//鼠标弹起事件
    isdown=false;//复位
    zd. style. display="none";//子弹消失
    music. pause();//子弹声音停止
}
//适应手机浏览器的事件
a1. addEventListener('touchstart', function(e){//监听touchstart事件
    isdown=true;//开始触屏
    //满足条件就在发射子弹的第一时间发射炸弹
    if((bm0. style. display!="block")&&(bzlist. length==0)){
      bm0. style. top=f. style. top;
      var leftstr=f. style. left. toString();
      var leftint=parseInt(leftstr. substring(0,leftstr. length-2));//纯数字
      bm0. style. left=(leftint+f. width/2)+"px";
      pd_cous_i=0;//炸弹向前移动的次数,开始时为0,炸弹显示后开始向前移动
      bm0. style. display="block";//显示炸弹轨迹
    }
    zd. style. display="block";//子弹显示
```

```
        music. play();//播放子弹声音
    }, false);
    a1. addEventListener('touchmove', function(e){//监听touchmove事件
        if (isdown==false) return;//没有触屏就退出
        var e = event || window. event;// e. touches[0]. clientX
        var movex=e. touches[0]. clientX,movey=e. touches[0]. clientY;
        var width1=f. width;
        var height1=f. height;
        //控制垂直方向使主飞机不会飞出屏幕
        var ydy=movey-height1/2;
        if(ydy<0){ydy=0;}
        else if(ydy>window. innerHeight-height1){ydy=window. innerHeight-height1;}
        f. style. top=ydy+"px";
        zd1. height=ydy;//飞机的top作为子弹的高度height
        //控制水平方向使主飞机不会飞出屏幕
        var ydx=movex-width1/2;
        if(ydx<0){ydx=0;}
        else if(ydx>window. innerWidth-width1){ydx=window. innerWidth-width1;}
        f. style. left=ydx+"px";
        //飞机的left+(屏幕的宽度-飞机的宽度)/2作为子弹的left
        zd. style. left=(ydx+(f. width-zd1. width)/2)+"px";
        event. preventDefault();//阻止事件上抛给浏览器
    }, false);
    a1. addEventListener('touchend', function(e){//监听touchend事件
        isdown=false;//复位
        zd. style. display="none";//子弹消失
        music. pause();//声音停止
    }, false);
    //适应手机浏览器事件结束
    var ii=1;
    function playgame()//开始游戏自定义函数
    {
        //动态移动背景,上下移动
        var topstr1=bj1. style. top. toString();
        var top1=parseInt(topstr1. substring(0,topstr1. length-2));//纯数字
        var height1=bj1. height;
        var topstr2=bj2. style. top. toString();
        var top2=parseInt(topstr2. substring(0,topstr2. length-2));//纯数字
        var height2=bj2. height;
```

```
var tmpyd1=top1+offset;//图片1的移动位置
var tmpyd2=top2+offset;//图片2的移动位置
if(tmpyd1>tmpyd2)//图片1在后,图片2在前
{
  bj2. style. top=tmpyd2+"px";
  if(tmpyd1>height1)//图片1位置超出屏幕
  {
        bj1. style. top=(tmpyd2-height1)+"px";//将图片1调到图片2的前面
  }
  else
  {
        bj1. style. top=tmpyd1+"px";
  }
}
else if(tmpyd2>tmpyd1)//图片2在后,图片1在前
{
  bj1. style. top=tmpyd1+"px";
  if(tmpyd2>height2)//图片2位置超出屏幕
  {
        bj2. style. top=(tmpyd1-height2)+"px";//将图片2调到图片1的前面
  }
  else
  {
        bj2. style. top=tmpyd2+"px";
  }
}//动态背景结束
//主飞机动态变换
ii+=1;
if(ii>3){ii=1;}
f. src="fj"+ii+". png";
//主飞机动态变换结束
//子弹动态效果
if(zd1. style. background!='url("zd1. png")')
 {zd1. style. background='url(zd1. png)';}
else
 {zd1. style. background='url(zd2. png)';}
//子弹动态效果结束
//控制主飞机发射炸弹的轨迹
if(bm0. style. display=="block")
```

```
{
 var bm0_topstr=bm0. style. top. toString();//纯数字
 var bm0_topint=parseInt(bm0_topstr. substring(0,bm0_topstr. length-2));
 var f_top_str=f. style. top. toString();//主飞机的top
 var f_top=parseInt(f_top_str. substring(0,f_top_str. length-2));//纯数字
 bm0_topint-=offset*3;//主飞机发射炸弹的飞行速度
 if(bm0_topint<0) {bm0_topint=0;}
 bm0. style. top=bm0_topint+"px";
 pd_cous_i+=1;//炸弹向前移动计数
 if((pd_cous_i>=10)||(bm0_topint==0))
  { //主飞机发射的炸弹飞出预定的距离或飞出屏幕
       pd_cous_i=0;
       bm0. style. display="none";//移动了5次或者提前到了左边界就消失
       var bm0_leftstr=bm0. style. left. toString();
       //纯数字
       var bm0_leftint=parseInt(bm0_leftstr. substring(0,bm0_leftstr. length-2));
       //将现在炸弹的位置插入爆炸列表,炸弹是个圆,半径开始时为50
       var tmp={x:bm0_leftint,y:bm0_topint,r:50};
       bm. style. left=bm0_leftint+"px";//将炸弹的位置赋给爆炸效果
       bm. style. top=bm0_topint+"px";
       bzlist. push(tmp);
  }
}//控制主飞机发射炸弹的轨迹结束
//炸弹爆炸后变大效果
if(bzlist. length>0)//爆炸列表有元素
{
  if(bm. style. display!="block"){bm. style. display="block";}//爆炸效果可见
  bzlist[0]. r+=20;//爆炸半径不断变大
  if(bzlist[0]. r<300){//爆炸半径变大到300为止
       bm. width=2*bzlist[0]. r;
       bm. height=2*bzlist[0]. r;
       bm. style. left=(bzlist[0]. x-bzlist[0]. r)+"px";//扩大爆炸效果,并设圆心为居中位置
       bm. style. top=(bzlist[0]. y-bzlist[0]. r)+"px";
  }
  else
  {
       bm. style. display="none";//爆炸效果不可见
       bzlist. length=0;//强制删除列表中的所有元素
  }
```

```
}
//炸弹爆炸后变大效果结束
//敌机不断下降和跟踪式攻击移动的代码
for(i=1;i<=djcous;i++)
{
 var tmpdj=document. getElementById("dj"+i);
 var topstr=tmpdj. style. top. toString();//带有px的top,如10px
 var topint=parseInt(topstr. substring(0,topstr. length-2));//纯数字
 //敌机移动后的新位置,offset是移动量,是随机的,让敌机有快有慢
 var newtop=topint+offset*(Math. random()*5+2);
 //如果敌机被打中或者敌机完全飞出了屏幕的下边,就要重新随机生成敌机的left和top
 if((tmpdj. src. indexOf("bz5. png")>0)||
                                   (newtop>window. innerHeight+tmpdj. height))
 {
  //每架敌机初始化的随机高度位置,即从号位屏幕上方出现
  tmptop= -Math. random()*(sc2*window. innerHeight);
  //每架敌机初始化的随机水平位置
  tmpleft=Math. random()*(window. innerWidth-djwidth);
  tmpdj. style. top=tmptop+"px";
  tmpdj. style. left=tmpleft+"px";
  tmpdj. src="plane2. png";
 }
 else
 {
  var tmpdj_left_str=tmpdj. style. left. toString();//敌机的left
  var tmpdj_left=parseInt(tmpdj_left_str. substring(0,tmpdj_left_str. length-2));
  if(tmpdj. dataset. gz=="1")//这是跟踪攻击的敌机,要用直线方程改变left
  {
      var tmpdj_top_str=tmpdj. style. top. toString();
      var tmpdj_top=parseInt(tmpdj_top_str. substring(0,tmpdj_top_str. length-2));
      var f_top_str=f. style. top. toString();//主飞机的top
      var f_top=parseInt(f_top_str. substring(0,f_top_str. length-2));//纯数字
      var f_left_str=f. style. left. toString();//主飞机的left
      var f_left=parseInt(f_left_str. substring(0,f_left_str. length-2));//纯数字
      if(f_top!=tmpdj_top)//分母不能为0
      {
       //直线方程实现敌机跟踪式攻击主飞机效果
       //敌机与主飞机两点成一线的直线方向,改变敌机的left
       tmpdj. style. left=Math. round
```

```
(f_left-(f_top-newtop)*(f_left-tmpdj_left)/(f_top-tmpdj_top))+"px";
            }
        }
        tmpdj. style. top=newtop+"px";//敌机新的top
        tmpdj_left_str=tmpdj. style. left. toString();//重新获得敌机的left
        tmpdj_left=parseInt(tmpdj_left_str. substring(0,tmpdj_left_str. length-2));
        var zd_left_str=zd. style. left. toString();//子弹的left
        var zd_left=parseInt(zd_left_str. substring(0,zd_left_str. length-2));//纯数字
        //子弹要可见,且飞机要飞出屏幕10%的距离
        if((zd. style. display=="block")&&(newtop>window. innerHeight*0. 1))
        {//判断子弹跟敌机是否相互接触到的条件,x方向和y方向同时满足条件
            if((newtop+djheight>0)&&(newtop<parseInt(zd1. height))&&
                                        ((tmpdj_left+djwidth)>zd_left)&&
                                        (tmpdj_left<(zd_left+parseInt(zd1. width))))
            {
                tmpdj. src="bz5. png";
                bz. play();//播放爆炸声音
            }
        }
        //有炸弹,判断敌机是否被炸弹击中,即敌机的位置是否在爆炸半径范围内
        if(bzlist. length>0)
        {//爆炸图片为圆形,判断敌机的位置到圆心的距离是否小于圆半径
            if(Math. pow(((newtop+djheight)-bzlist[0]. y),2)+
             Math. pow(((tmpdj_left+djwidth/2)-bzlist[0]. x),2)<=Math. pow(bzlist[0]. r,2))
            {
                tmpdj. src="bz5. png";
                bz. play();//播放爆炸声音
            }
        }
      }
    }//for循环的移动敌机结束
}
var id=setInterval("playgame()",100);//启动游戏
</script>
```

案例小结

以上是飞机游戏小程序功能的实现。后续还可以进一步完善以下功能。

(1)多样化的武器系统。游戏中提供多种武器供玩家选择,包括机枪、炸弹、激光等。每种武器都有其独特的攻击方式和效果,玩家可以根据需要自由搭配。

(2)丰富的飞机选择。玩家可以驾驶多种类型的飞机进行战斗,每种飞机都有其独特的性能和特点,如速度、火力、防御力等。

(3)多样的游戏模式。射击类飞机游戏通常包含多种游戏模式,如闯关模式、生存模式、多人对战模式等,以满足不同玩家的需求。

随着游戏技术的不断发展,射击类飞机游戏的画面质量也在不断提升,为玩家带来更加逼真的体验,以及更多的欢乐和挑战。

案例十三

讲座互动交流小程序

案例描述

讲座互动交流小程序主要应用于各类学术会议、教育培训、企业内训等场景。在讲座进行过程中，为听众与听众之间、听众与主讲人或主持人之间，组建一个实时交流互动的在线平台，旨在为讲座的参与者提供便捷、高效的互动体验，同时主办方可以更加高效地组织讲座活动，提升参与者的学习体验。本案例类似于精简版的微信，但使用简单，无须安装任何软件，扫描二维码即可使用，能发送表情包、文字和网页元素，属于简化版的在线聊天室。

案例功能分析

本案例要实现表情包面板的生成和控制、留言的编辑和发送、留言实时显示和定时刷新、后台管控中留言的开启和关闭、讲座标题的设置、数据的备份等功能。本程序需要用到后台服务器编程和数据库，通过ASP后台+Access数据库+JS前端组合编程实现。

图13-1所示为程序界面。

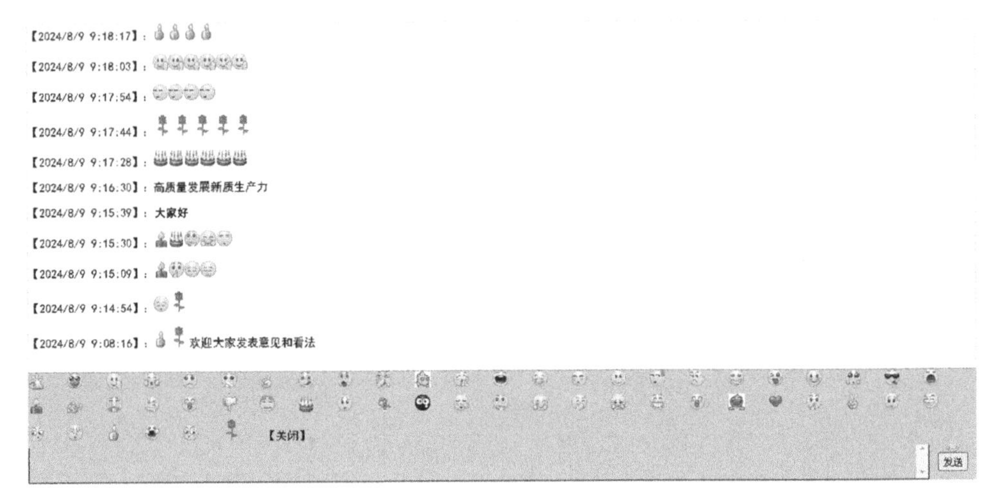

图13-1　程序界面

本案例要编写以下5个文件。

(1)数据库链接文件config. asp。实现与数据库的连接，以便读写数据库。

(2)讲座互动交流平台主文件index. asp。实现表情包面板的生成和控制、留言的编辑和发送等功能。

(3)留言实时显示文件showlt. asp。实现留言实时显示和定时刷新，保证讲座参与者能看到最新内容。

(4)显示所有留言文件showall. asp。实现主讲人或主持人能随时查看所有人的全部留言和提问，以便主讲人或主持人与参与者进行现场实时互动。

(5)后台管理文件going. asp。实现留言的开启和关闭控制、讲座标题的设置、数据的备份等功能。

本案例用到的数据库文件名为qcdata. mdb(可自定义其他文件名)，需要设计以下4个数据表。

(1)数据表bq,用于存放表情包图片文件。图13-2所示为bq数据表结构。

(2)数据表ltnr,用于存放用户留言。图13-3所示为ltnr数据表结构。

bq

字段名称	数据类型	
ID	自动编号	
picname	文本	图片名称
picreadme	文本	图片说明

图13-2 bq数据表结构

ltnr

字段名称	数据类型	
ID	自动编号	
contents	备注	留言的内容
stime	日期/时间	留言的时间

图13-3 ltnr数据表结构

(3)数据表ltnrback,用于备份已经结束讲座的用户留言。图13-4所示为ltnrback数据表结构。

ltnrback

字段名称	数据类型	
ID	自动编号	
contents	备注	留言的内容
stime	日期/时间	留言的时间

图13-4 ltnrback数据表结构

讲座互动交流小程序的演示

(4)数据表starting,用于存放留言是否开启的标记和讲座标题。图13-5所示为starting数据表结构。

starting

字段名称	数据类型	
started	是/否	是否开启交流平台,false表示不允许留言,true表示允许留言
title	文本	讲座互动平台的标题

图13-5 starting数据表结构

讲座互动交流小程序的设计

小贴士

本案例所用到的表情包图片和数据库的下载地址:
http://14.116.207.34:880/lb/download/bq.rar

任务一 数据库链接文件的编程

config.asp文件代码如下:

```
<%
    dim conn
    dim connectstr
    set conn=server.createobject("adodb.connection")
    connectstr="provider=microsoft.jet.oledb.4.0; jet oledb:" &_
              "database password=;data source=" & server.mappath("qcdata.mdb")
    conn.Open connectstr
%>
```

任务二　讲座互动交流平台主文件的编程

index. asp文件代码如下：

```
<%@LANGUAGE="VBSCRIPT" CODEPAGE="936"%>
<!--#include file="config. asp"-->
<html><head>
<!--适应手机大小,不允许放大或缩小-->
<mcta namc="vicwport"
            content="width=device-width, initial-scale=1. 0, user-scalable=no">
<meta http-equiv="Content-Type" content="text/html; charset=gb2312" />
<%
    Set rs=server. createobject("adodb. recordset")
    title="讲座互动平台"
    rs. open "select title from starting",conn,3,3
    if not isnull(rs("title")) then
        if rs("title")<>"" then
            title=rs("title")'获取讲座标题
        end if
    end if
    rs. close
%>
<title><%=title%></title>
<!--页面样式部分-->
<style type="text/css">
body {
    font-family: "黑体";font-size: 15px;
    margin-left: 0px;margin-top: 0px;margin-right: 0px;margin-bottom: 0px;
}
a:link {/*超链接样式*/
    color:#666;font-family:"黑体";font-weight:bold;
    font-size:15px;text-decoration: none;
}
a:visited {/*超链接样式*/
    color: #666;font-family:"黑体";font-size:15px;text-decoration: none;
}
a:hover {/*超链接样式*/
    color: #666;font-family:"黑体";font-size:15px;text-decoration: none;
```

```
}
a:active {/*超链接样式*/
    color: #666;font-family:"黑体";font-size:15px;text-decoration: none;
}
a:link {/*超链接样式*/
    color: #666;font-family:"黑体";font-size:15px;text-decoration: none;
}
#con1{/*显示已发表内容 iframe 框架的层容器,id 为 con1*/
    position:fixed;width:100%;overflow-x:hidden;overflow-y:hidden;
    top:0px;bottom:55px;z-index: 1;
}
#con{/*显示已发表内容的 iframe 框架,id 为 con*/
    width:100%;height:100%;border:0px;
    overflow-x:hidden;overflow-y:auto;
    /*-webkit-overflow-scrolling:touch;*/
}
#bqlist{/*表情包面板容器,id 为 bqlist*/
    position:absolute;width:"100%";display:none;line-height:200%;
    bottom:52px;/*离页面底部间距*/
    z-index:2;border-top-style:solid;border-top-width:1px;
}
#edit{/*发送内容的编辑框,id 为 edit*/
 font-size:15px;background:#6FF; height:50px;
 overflow-y:scroll; border-left-style:solid;
 border-left-width:1px;border-top-style:solid;
 border-top-width:1px;border-right-style:solid;
 border-right-width:1px;border-bottom-style:solid;
 border-bottom-width:1px;
}
</style><!--页面样式部分结束-->
<!--JS 前段编程部分-->
<script>
function showbqlist(){//表情包容器的显示与隐藏控制自定义函数
    if(document. getElementById("bqlist"). style. display=="none")
    {
        document. getElementById("bqlist"). style. display="block";
    }
    else
    {
```

```
                document. getElementById("bqlist"). style. display="none";
            }
        }
        function addbq(tmpid){//向发表的内容中添加一个表情包自定义函数
            document. getElementById("edit"). innerHTML+="<img src='"+document. getElementById
("img"+tmpid). src+"'/>";
            document. getElementById("img"+tmpid). src;
        }
        function trim(str)//过滤头尾空格自定义函数
        {
            if(str == null) return "" ;
            //去除前面所有的空格
            while( str. charAt(0)  == ' ' )
            {
                str = str. substring(1,str. length);
            }
            //去除后面的空格
            while( str. charAt(str. length-1)  == ' ' )
            {
                str = str. substring(0,str. length-1);
            }
            return str ;
        }
        function send()//发表内容自定义函数
        { //将可编辑框edit中的内容保存在tmpstr中
          var tmpstr=trim(document. getElementById("edit"). innerHTML);
          //清空
          document. getElementById("edit"). innerHTML="";
          if (tmpstr=="") return false;
          //将tmpstr赋予form表单的隐藏域ltnrs,通过form发送数据
          document. getElementById("ltnrs"). value=tmpstr;
          document. getElementById("bqlist"). style. display="none";
          document. getElementById("my"). submit();//提交要发表的内容
          return true;
        }
        </script><!--JS前段编程部分结束-->
        </head>
        <body>
        <!--iframe框架的层容器,id为con1,通过单击该容器,可以隐藏表情包面板-->
```

```
<div id="con1"
        onclick="javascript:document. getElementById('bqlist'). style. display='none';">
<!--已发表内容的iframe框架,id为con,包含发表内容显示文件showlt. asp-->
      <iframe id="con" name="con" src="showlt. asp"></iframe>
</div>

<!--发送内容部分的容器层-->
<div style="position:fixed;bottom:0px;width:100%;">
<table width="100%" border="0" cellspacing="0" cellpadding="0">
  <tr>
    <td style="width:95%;">
     <!--通过div创建可编辑的发送内容框,id为edit-->
      <div id="edit" contenteditable="true"></div>
    </td>
    <td align="center" valign="middle" style="width:5%;background:#6FF">
   <!--单击该图片,可以显示/隐藏表情包面板-->
    <img src="bq\201292321261847. gif" onclick="showbqlist();"/>
    <br/>
    <!--提交内容的form表单,触发提交目标target为显示发表内容的iframe框架-->
    <form action="showlt. asp" method="post" target="con" name="my"
        id="my" onsubmit="return send();">
        <!--保存发送内容的隐藏域ltnrs-->
        <input id="ltnrs" name="ltnrs" type="hidden" value=""/>
        <input name="fs" type="submit" value="发送" />
    </form>
    </td>
  </tr>
</table>
</div>
<!--表情包面板容器,id为bqlist-->
<table id="bqlist" border="0" cellspacing="0" cellpadding="0" style="display:none;">
  <tr><td style="background-color:#6FF;">
   <%'ASP后台编程部分
        rs. open "select * from bq",conn,3,3
        while (not rs. eof)'输出表情包面板内容
%>
            <img id="img<%=rs("id")%>" src="bq\<%=rs("picname")%>"
                        onclick="addbq(<%=rs("id")%>);"/>   
   <%
```

```
        rs. movenext
        wend
  %>
  <label onclick=
              "javascript:document. getElementById('bqlist'). style. display='none';">
 【关闭】</label>
 </td>
 </tr>
</table>
<%
conn. close
set conn=nothing
%>
</body>
</html>
<script><!--JS前段编程部分-->
ifram = document. getElementById('con');
//兼容iPhone的可编辑框的设置
if (navigator. userAgent. match(/iPad|iPhone/i)) {
 iframe_box = document. getElementById('con1');
 iframe_box. style. overflowY = 'scroll';
 iframe_box. style. webkitOverflowScrolling = 'touch';
 ifram. setAttribute('scrolling', 'no');
 iframe_box. appendChild(ifram)
}
</script><!--JS前段编程部分结束-->
```

任务三　留言实时显示文件的编程

showlt. asp文件代码如下：

```
<%@LANGUAGE="VBSCRIPT" CODEPAGE="936"%>
<!--#include file="config. asp"-->
<html><head>
<!--适应手机大小,不允许放大或缩小-->
<meta name="viewport"
                 content="width=device-width, initial-scale=1. 0, user-scalable=no">
<meta http-equiv="refresh" content="8;URL=" /><!--每隔8s自动刷新网页-->
<meta http-equiv="Content-Type" content="text/html; charset=gb2312" />
<title></title>
```

```
<style type="text/css">
body {
      font-family: "黑体";font-size: 16px;
      margin-left: 0px;margin-top: 0px;margin-right: 0px;margin-bottom: 0px;
}
a:link {
      color:#666;font-family:"黑体";font-weight:bold;font-size:15px;
      text-decoration: none;
}
a:visited {
      color: #666;font-family:"黑体";font-size:15px;text-decoration: none;
}
a:hover {
      color: #666;font-family:"黑体";font-size:15px;text-decoration: none;
}
a:active {
      color: #666;font-family:"黑体";font-size:15px;text-decoration: none;
}
a:link {
      color: #666;font-family:"黑体";font-size:15px;text-decoration: none;
}
</style></head>
<script>
function hidebq()//隐藏表情包面板自定义函数
{
   window. parent. document. getElementById("bqlist"). style. display="none";
}
</script>
<%'ASP后台编程部分
if request. Form("fs")="发送" then
    Set rs1 =server. createobject("adodb. recordset")
    rs1. open "select * from starting",conn,3,3
    if not rs1("started") then'还没有开启通道
        rs1. close
        set rs1=nothing
        conn. close
        set conn=nothing
        response. Write  "<script>alert('通道未开启,请稍后重试!');" &_
                          "parent. window. location='index. asp';</script>"
```

```
        response. end
    end if
    rs1. close
    rs1. open "ltnr",conn,3,3
    rs1. addnew'将提交过来的留言保存在表ltnr中
    rs1("stime")=now
    rs1("contents")=request. Form("ltnrs")
    rs1. update
    rs1. close
    set rs1=nothing
    conn. close
    set conn=nothing
    response. Redirect("showlt. asp")'文件跳转
end if
%>
<body onfocus="hidebq();"><!--获得焦点将隐藏表情包面板-->
<%'ASP后台编程部分
    Set rs=server. createobject("adodb. recordset")
    rs. open "select top 200 * from ltnr order by id desc",conn,3,3
    while (not rs. eof)
        response. Write"<p>【" & rs("stime") & "】:" & rs("contents") & "</p>"
        rs. movenext
    wend
    rs. close
    set rs=nothing
    conn. close
    set conn=nothing
%>
</body>
</html>
```

任务四　显示所有留言文件的编程

showall. asp文件代码如下：

```
<%@LANGUAGE="VBSCRIPT" CODEPAGE="936"%>
<!--#include file="config. asp"-->
<html>
<head>
<!--适应手机大小,不允许放大或缩小-->
```

```
<meta name="viewport" content="width=device-width,
                                        initial-scale=1. 0, user-scalable=no">
<meta http-equiv="Content-Type" content="text/html; charset=gb2312" />
<%'ASP后台编程部分
    Set rs=server. createobject("adodb. recordset")
    title="评论区"
    rs. open "select title from starting",conn,3,3
    if not isnull(rs("title")) then
        if rs("title")<>"" then
            title=rs("title")'获取讲座标题
        end if
    end if
    rs. close
%>
<title><%=title%></title>
<style type="text/css">
body {
    font-family: "黑体";font-size: 16px;
    margin-left: 0px;margin-top: 0px;margin-right: 0px;margin-bottom: 0px;
}
a:link {
    color:#666;font-family:"黑体";
    font-weight:bold;font-size:15px;text-decoration: none;
}
a:visited {
    color: #666;font-family:"黑体";font-size:15px;text-decoration: none;
}
a:hover {
    color: #666;font-family:"黑体";font-size:15px;text-decoration: none;
}
a:active {
    color: #666;font-family:"黑体";font-size:15px;text-decoration: none;
}
a:link {
    color: #666;font-family:"黑体";font-size:15px;text-decoration: none;
}
</style></head>
<body>
<%'ASP后台编程部分
```

```
  Set rs=server. createobject("adodb. recordset")
  rs. open "select * from ltnr order by id desc",conn,3,3
  while (not rs. eof)'输出所有发言
        response. Write"<p>【" & rs("stime") & "】:" & rs("contents") & "</p>"
        rs. movenext
  wend
  rs. close
  set rs=nothing
  conn. close
  set conn=nothing
%>
</body>
</html>
```

任务五　后台管理文件的编程

going. asp文件代码如下：

```
<%@LANGUAGE="VBSCRIPT" CODEPAGE="936"%>
<!-- #include file="config. asp" -->
<html>
<head>
<!--适应手机大小,不允许放大或缩小-->
<meta name="viewport" content="width=device-width,
                                    initial-scale=1. 0, user-scalable=no">
<meta http-equiv="Content-Type" content="text/html; charset=gb2312" />
<style type="text/css">
body {font-size:20px;}
</style>
</head>
<%'ASP后台编程部分
if request. Form("qd")="开启" then
  conn. execute "update starting set started=true"

elseif request. Form("qd")="关闭" then
  conn. execute "update starting set started=false"

elseif request. Form("settitle")="设置标题" and trim(request. Form("title"))<>"" then
      conn. execute "update starting set title='" &_
                    trim(request. Form("title")) & "'"'更新标题
```

```
        conn. close
        set conn=nothing
        response. Write  "<script>alert('标题设置成功!');" &_
                         "window. location='going. asp';</script>"

elseif request. Form("backup")="备份现有数据同时清空" then
  Set rs0 =server. createobject("adodb. recordset")
  rs0. open "select stime from ltnr order by stime desc",conn,3,3
  if rs0. recordcount>1 then'如果记录大于1,说明有人评论过

        conn. execute "insert into ltnrback(contents,stime) select " &_
                     "contents,stime,from ltnr"'备份记录到ltnrback中
        conn. execute "DELETE * FROM ltnr"'删除ltnr中的内容
        conn. execute "insert into ltnr (contents,stime) " &_
                     "values ('欢迎大家提出宝贵意见!','" & now() & "')"
        rs0. close
        set rs0=nothing
        conn. close
        set conn=nothing
        response. Write  "<script>alert('数据备份成功!');" &_
                         "window. location='going. asp';</script>"
  else
        rs0. close
        set rs0=nothing
  end if
end if
%>
<body>
<form method="post">
<%'ASP后台编程部分
Set rs =server. createobject("adodb. recordset")
rs. open "select * from starting",conn,3,3
if not rs("started") then'还没有开启投票通道
%> <input type="submit" name="qd" value="开启"/>
<%else%>
  <input type="submit" name="qd" value="关闭"/>
<%
end if
rs. close
```

```
set rs=nothing
conn. close
set conn=nothing
%>
<br/><br/>
<input type="submit" name="backup" value="备份现有数据同时清空"/>
<br/><br/>
<input name="title" type="text" maxlength="30" />
<input type="submit" name="settitle" value="设置标题"/>
</form></body></html>
```

案例小结

以上是讲座互动交流小程序功能的实现,在此基础上还可以进一步完善其他功能。例如,文件、视频、图像、语音的发送;主讲人或组织者可以在小程序内上传讲座PPT、回放视频、相关文档等资料,供参会者下载学习;参会者可以通过小程序进行签到,确认参与身份;小程序会自动记录签到信息,并生成参与人数、互动数据等统计报告,供主办方参考等,由此进一步提升小程序的适用性。

案例十四

在线评分小程序

案例描述

在线评分小程序通常是基于移动平台(如手机或其他移动终端)开发的应用程序,它为用户提供了一种便捷、快速的评分解决方案,广泛应用于各种比赛、评选、选拔等活动中。本程序还支持现场评委或观众通过手机、平板等设备进行实时评分,评分结果将即时同步至大屏幕或后台系统,便于统计和分析。本案例研究的在线评分小程序主要应用于校园比赛,如校园唱歌比赛、合唱比赛、舞蹈比赛、经典诵读比赛、才艺表演、元旦文艺汇演等活动的现场评分。

案例功能分析

本案例以校园唱歌比赛在线评分为例,需要用到后台服务器编程和数据库,通过PHP后台+Access数据库+JS前端组合编程实现如下功能。

(1)评委用分配的账号和密码登录,并根据节目(选手)列表在线打分。

(2)根据评委的打分和打分评委的人数,以平均分的方式统计节目(选手)的最后得分,并从高到低输出排名。

(3)大众评审用分配的账号和密码登录,并可以给自己支持的节目(选手)投票,限制每个节目(选手)只能投一票。

(4)根据大众评审的投票统计排名,并从高到低输出排名,评出获得最佳人气奖的节目(选手)。

(5)后台管理评委账号和节目(选手)列表、开启和关闭控制评分通道、创建新比赛。

本案例要编写以下10个文件。

(1)数据库链接文件config. php。实现与数据库的连接,以便读写数据库。

(2)评委登录文件pingwei. php。实现评委登录。

(3)评委评分文件pingfen. php。实现评委根据节目(选手)列表在线打分。

(4)显示节目视频文件showmp4. php。如果节目(选手)是以视频方式参评,该文件可供评委观看视频。

(5)评分统计文件showpingfen. php。实现以平均分的方式统计节目(选手)的最后得分,并从高到低输出排名。

(6)大众评审登录文件index. php。本案例的大众评审是学生,学生根据自己班级、姓名、学号、密码(学分制系统账号导入)登录。

(7)大众评审投票文件votelist. php。实现大众评审根据节目(选手)列表在线投票,限制每个节目(选手)只能投一票。

(8)投票统计文件showvote. php。根据大众评审的投票统计排名,并根据排名从高到低输出显示。

(9)后台管理文件going. php。实现管理评委账号和节目(选手)列表、开启和关闭控制评分通道、创建新比赛。

(10)删除评委和节目文件del. php。实现评委和节目(选手)的删除。

本案例用到的数据库文件名为pfdata. mdb(可自定义其他文件名),需要设计以下6个数据表。

(1)数据表admin_list,用于存放评委账号信息。图14-1所示为admin_list数据表结构。

(2)数据表bclass,用于存放学生账号信息。图14-2所示为bclass数据表结构。

admin_list

字段名称	数据类型	
ID	自动编号	
card_id	文本	评委密码
xm	文本	评委姓名

图14-1　admin_list数据表结构

bclass

字段名称	数据类型	
ID	自动编号	
hp_Username	文本	账号(姓名)
hp_Password	文本	密码
class	文本	班级
number	文本	学号

图14-2　bclass数据表结构

(3)数据表fen_list,用于存放评委的打分数据。图14-3所示为fen_list数据表结构。

fen_list

字段名称	数据类型	
ID	自动编号	
song_list_id	数字	节目编号
admin_list_id	数字	评委账号的id号,即admin_list表中的ID
score	数字	评委的打分

图14-3　fen_list数据表结构

在线评分小程序的演示

(4)数据表song_list,用于存放节目信息。图14-4所示为song_list数据表结构。

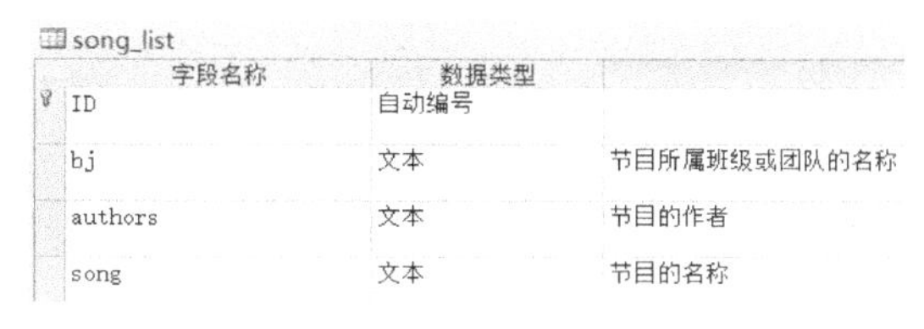

song_list

字段名称	数据类型	
ID	自动编号	
bj	文本	节目所属班级或团队的名称
authors	文本	节目的作者
song	文本	节目的名称

图14-4　song_list数据表结构

在线评分小程序的设计

(5)数据表vote_list,用于存放大众评审的投票数据。图14-5所示为vote_list数据表结构。

(6)数据表starting,用于存放是否开启评分和投票通道的标记。图14-6所示为starting数据表结构。

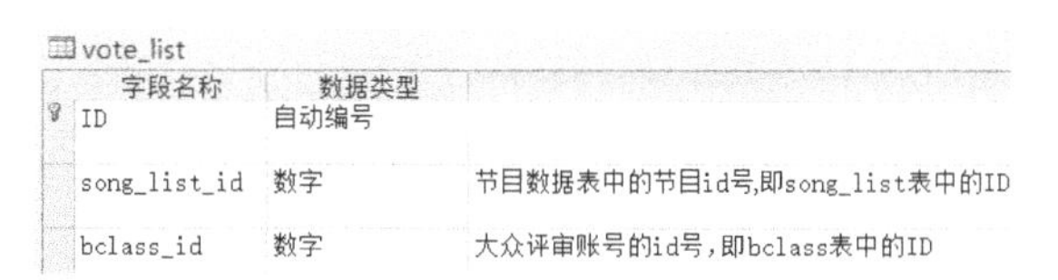

vote_list

字段名称	数据类型	
ID	自动编号	
song_list_id	数字	节目数据表中的节目id号,即song_list表中的ID
bclass_id	数字	大众评审账号的id号,即bclass表中的ID

图14-5　vote_list数据表结构

starting

字段名称	数据类型	
started	是/否	是否开启评分和投票通道

图14-6　starting数据表结构

小贴士

本案例所用到的数据库和图片的下载地址：
http://14.116.207.34:880/lb/download/pf.rar

任务一　数据库链接文件的编程

config.php文件代码如下：

```
<?php
  $conn = @new COM("ADODB.Connection");//创建数据库链接对象
```

```
  $connstr = "provider=microsoft. jet. oledb. 4. 0; jet oledb:database password=;
                data source=". realpath("pfdata. mdb");
  $conn->Open($connstr);
?>
```

任务二　评委登录文件的编程

图14-7所示为评委登录界面。

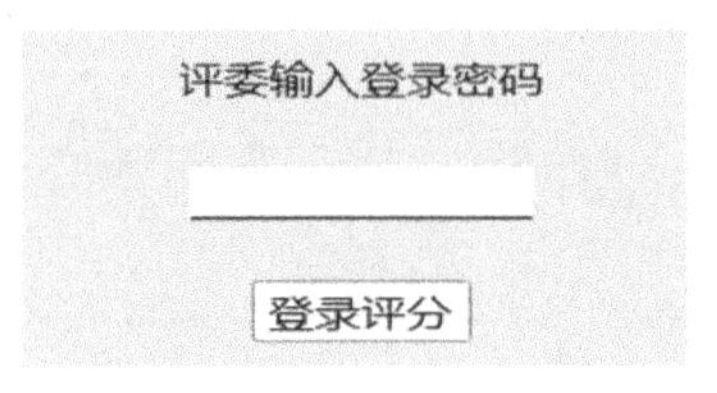

图14-7　评委登录界面

pingwei. php文件代码如下：

```
<?php
  //@$var=$undefined_var;//这样就不会显示notice信息
  session_start();
  if($_SESSION["card_id"]!=""){//评委已登录成功,就直接跳转到评分页面
    header("Location: pingfen. php");
    exit(0);
  }
?>
<html>
<head>
<meta http-equiv="Content-Type" content="text/html; charset=gb2312" />
<meta name=viewport content=
                width=device-width,initial-scale=1,minimum=1. 0,maximum=1. 0 />
<style type="text/css">
 body{
    margin-left:0px;margin-top:0px;
    margin-right:0px;margin-bottom:0px;
    background:rgba(197,245,241,1. 00);font-size:20px;
}
 td{height:60px;font-size:20px;}
. logintxt{/*密码输入框样式*/
    border-left-style:none;border-right-style:none;
    border-top-style:none;border-bottom-width:2px;
    border-bottom-color:#000;width:40%;
```

```
    text-align: center;font-size:20px;
}
</style><title>在线评分</title>
<script>
function trim(str){//过滤头尾空格
    if(str == null) return "" ;
    while( str. charAt(0) == ' ') //去除前面所有的空格
    {str = str. substring(1,str. length);}
    while( str. charAt(str. length-1) == ' ') //去除后面的空格
    {str = str. substring(0,str. length-1);}
    return str ;
}
function check(){
    if (trim(document. form1. pwd. value)=="")
      {alert("密码不能为空!");
            form1. pwd. focus();
            return false;
      }
  return true;
}
</script></head>
<?php
if($_POST["dl"]=="登录评分"){
    include("config. php");//数据库链接文件
    $MM_rsUser_cmd = @new COM("ADODB. Command");
    $MM_rsUser_cmd->ActiveConnection = $connstr;//命令对象
    $MM_loginSQL = "SELECT * FROM admin_list WHERE card_id = ?";
    $MM_rsUser_cmd->CommandText = $MM_loginSQL;
    //添加条件参数
    $MM_rsUser_cmd->Parameters->Append($MM_rsUser_cmd->CreateParameter("param2",
200, 1, 50, $_POST["pwd"]));
    $MM_rsUser_cmd->Prepared = True;
    $MM_rsUser = $MM_rsUser_cmd->Execute;//执行查询命令
    if((!$MM_rsUser->EOF)||(!$MM_rsUser->BOF))//如果不为空
    {     //保存评委id到session,标记该评委登录成功
        $_SESSION["card_id"] = $MM_rsUser->Fields["id"]->Value;
        $MM_rsUser->close();//关闭查询
        $MM_rsUser=null;//置空对象,释放内存
        $conn->close();$conn=null;
```

```
            header("Location: pingfen. php");//登录成功,跳转到评分页面
        }else{
            $MM_rsUser->close();$MM_rsUser=null;$conn->close(); $conn=null;
            echo("<script>alert('输入错误!');history. back();</script>");
        }
        exit(0);
}
?>
<body>
<!--将table的height="100%"去掉后将显示在顶部,所以如果想居中就不能去掉-->
<table width="100%" height="100%" border="0" cellspacing="0" cellpadding="0">
<tr><td>
<form method="post" onSubmit="return check();">
<table width="100%" height="100%" border="0" cellspacing="0" cellpadding="0">
  <tr><td align="center">评委输入登录密码</td></tr>
  <tr><td align="center">
  <input type="password" name="pwd" id="pwd" class="logintxt" maxlength="6"/>
  </td></tr>
  <tr><td align="center">
      <input name="dl" id="dl" type="submit" value="登录评分"
                                                style="font-size:20px;"/>
  </td></tr></table>
</form></td></tr></table></body></html>
```

任务三　评委评分文件的编程

图14-8所示为评委评分界面。

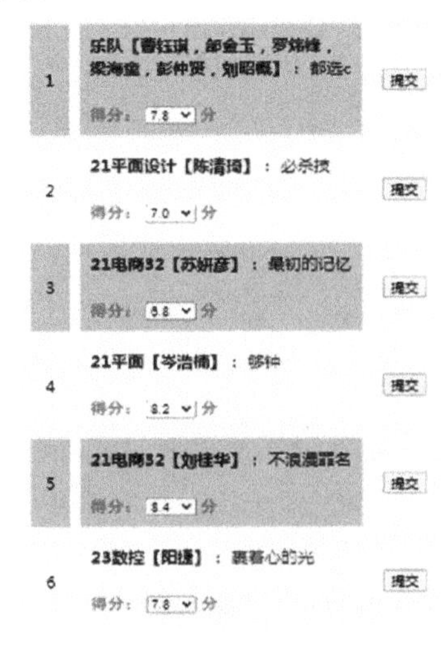

图14-8　评委评分界面

pingfen. php 文件代码如下：

```
<?php
  session_start();
  if($_SESSION["card_id"]==""){
    header("Location: pingwei. php");//评委已登录成功,就直接跳转到评分页面
    exit(0);
  }
  include("config. php");//数据库链接文件
?>
<html>
<head>
<meta http-equiv="Content-Type" content="text/html; charset=gb2312" />
<meta name=viewport content=
                    width=device-width,initial-scale=1,minimum=1. 0,maximum=1. 0 />
<style type="text/css">
body {
 margin-left:0px;margin-top:0px;
 margin-right:0px;margin-bottom:0px;font-size:12px;
}
</style>
<title>在线评分</title>
</head>
<body>
<table width="100%" border="0" cellspacing="10" cellpadding="10">
<?php
$rs=@new COM("adodb. recordset");
$rs1=@new COM("adodb. recordset");
//如果有评委提交分数
if((trim($_GET["id"])!="")&&(trim($_GET["fen"])!=""))
{
      $rs->open("select * from starting",$conn,3,3);
      if(!$rs->Fields["started"]->Value)//还没有开启投票通道
      {
         $rs->close();
         $rs=null;
         $conn->close();
         $conn=null;
        echo("<script>alert('评分通道未开启,稍后重试!');
                                                  window. location='pingfen. php';</script>");
```

```
            exit(0);
        }

        $rs->close();
        $rs->open("select * from fen_list where song_list_id=". trim($_GET["id"]).
                                    " and admin_list_id=". $_SESSION["card_id"],$conn,3,3);

        if(!$rs->eof)//评委之前对该节目已给过分,就更新打分记录
        {
            $rs->close();
            $rs=null;
            $conn->execute("update fen_list set score=". trim($_GET["fen"]). " where song_list_id=
". trim($_GET["id"]). " and admin_list_id=". $_SESSION["card_id"]);
        }
        else//评委之前对该节目没有给过分,就新增一条打分记录
        {
            $rs->close();
            $rs=null;
            $conn->execute("insert into fen_list (song_list_id,admin_list_id,score) values (". trim
($_GET["id"]). ",". $_SESSION["card_id"]. ",". trim($_GET["fen"]). ")");
        }
           $conn->close();
           $conn=null;
           echo("<script>alert('提交成功!');window. location='pingfen. php';</script>");
           exit(0);
      }
      $rs->open("select * from song_list",$conn,3,3);
      $i=1;
      while(!$rs->eof)//whlie循环开始,输出所有节目的打分列表
      {
         $tmpfen=0;
         $rs1->open("select * from fen_list where song_list_id=". $rs->Fields["id"]->Value. " and
admin_list_id=". $_SESSION["card_id"],$conn,3,3);
         //保存节目的打分到$tmpfen,保留一位小数
         if(!$rs1->eof) {$tmpfen=number_format($rs1->Fields["score"]->Value,1);}
         $rs1->close();
      ?>
       <tr><!--间隔颜色#99CC66输出打分列表,以便区分-->
           <td width="10%" align="center" valign="middle"<?php if($i%2!=0) {echo " bgcolor='#
```

```
99CC66'";}?>><?php echo($i);?></td>
        <td style="line-height:150%;" width="70%" align="left" valign="middle"<?php if($i%2!
=0) {echo(" bgcolor='#99CC66'");}?>>
            <b><?php echo($rs->Fields["bj"]->Value. "【". $rs->Fields["authors"]->Value. "】
");?></b>:

        <!--如果节目是以视频参赛,该链接可跳转到视频观看文件showmp4. php-->
          <a href="showmp4. php?fn=
            <?php echo(urlencode($rs->Fields["song"]->Value));?>" style=
            "text-decoration:none"><?php echo($rs->Fields["song"]->Value);?>
          </a><br/><br/>
          <label style="font-family:黑体;color:red;font-weight:bold;">得分:</label>

          <select name="fen<?php echo($i);?>" id="fen<?php echo($i);?>">
              <option></option>
              <?php
               for($k=10;$k>=1;$k-=0. 2)//输出分数,可选列表在10 ~ 1之间
                  {
                    $ktmp=number_format($k,1);//保留1位小数
              ?>     <!--有分数等于$tmpfen就标记选中selected-->
                    <option value="<?php echo($ktmp);?>"
                               <?php if($ktmp==$tmpfen){echo(" selected");}?>>
                               <?php echo($ktmp);?>
                    </option>
              <?php }?>
            </select>
          <label style="font-family:黑体;color:red;font-weight:bold;">分</label>
      </td>

      <td width= "20%" align= "left" valign= "middle" < ? php if(i% 2! =0) {echo(" bgcolor= '#
99CC66'");}?>>
            <!--提交评委的评分-->
                  <input type="button" value="提交" onclick=
                      "javascript:window. location='pingfen. php?id=
                      <?php echo($rs->Fields["id"]->Value);?>&fen='+
                      document. getElementById('fen<?php echo($i);?>').
                      options[document. getElementById('fen<?php echo($i);?>').
                      selectedIndex]. value;">
      </td>
```

```
 </tr>
<?php
  $i=$i+1;$rs->movenext();//移动到下一条记录
}//while循环结束
$rs->close();$rs=null;$r1s=null;$conn->close();$conn=null;
?>
</table></body></html>
```

任务四　显示节目视频文件的编程

showmp4. php文件代码如下：

```
<html>
<head>
<meta http-equiv="Content-Type" content="text/html; charset=gb2312" />
<meta name=viewport content=
                width=device-width,initial-scale=1,minimum=1. 0,maximum=1. 0/>
<title><?php echo(trim($_GET["fn"]));?></title>
<style type="text/css">
body {
      font-size:14px;
      background-color: #000000;
}
</style></head>
<body>
<div stytle="text-align:center;">
<!--显示视频的组件,视频文件是以节目名命名的mp4文件-->
<video width="100%" controls="controls" autoplay="autoplay">
  <source src="mp4/<?php echo(trim($_GET["fn"]));?>" type="video/mp4">
</video>
<table style="width: 100%"><tr><td align="center">
<input type="button" value="返回" onclick="javascrip:history. back();"/>
</td></tr></table></p>
</div>
</body>
</html>
```

任务五　评分统计文件的编程

showpingfen. php文件代码如下：

```
<?php include("config. php");//数据库链接文件?>
```

```
<html>
<head>
<meta http-equiv="Content-Type" content="text/html; charset=gb2312" />
<meta name=viewport content=
                width=device-width,initial-scale=1,minimum=1. 0,maximum=1. 0/>
<style type="text/css">
body {
  margin-left:0px;margin-top:0px;margin-right:0px;
  margin-bottom:0px;font-size:12px;
}
</style>
<title>得分情况</title>
</head>
<body>
<table width="100%" border="0" cellspacing="10" cellpadding="10">
<?php
$rs=@new COM("adodb. recordset");
//以下为按平均分从高到低统计节目的得分
$sqlstr="SELECT song_list. bj AS bj, song_list. authors AS authors, song_list. song AS song, avg(fen_list. score) as avgs FROM fen_list INNER JOIN song_list ON fen_list. song_list_id = song_list. ID GROUP BY song_list. id, song_list. bj, song_list. authors, song_list. song ORDER BY avg(fen_list. score) DESC";

$rs->open($sqlstr,$conn,3,3);
//echo($rs->Fields->count);//字段个数0 ~ (count-1)
//echo($rs->Fields[2]->name);//输出第3个字段名
$i=1;
while(!$rs->eof){//while循环输出
?>
 <tr><!--间隔颜色#99CC66输出分数排名,以便区分-->
  <td width="10%" align="center" valign="middle"<?php if($i%2!=0){echo(" bgcolor='#99CC66'");}?>><?php echo($i);?></td>
  <td style="line-height:150%;" width="70%" align="left" valign="middle"<?php if($i%2!=0){echo(" bgcolor='#99CC66'");}?>><b>
  <?php echo($rs->Fields["bj"]->Value. "【". $rs->Fields["authors"]->Value. "】");?></b>:<?php echo($rs->Fields["song"]->Value);?></td>
  <!--平均分数排名保留4位小数显示-->
  <td width="20%" align="left" valign="middle"<?php if($i%2!=0){echo(" bgcolor=
```

```
'#99CC66'");}?>>得分【<label style="color:red;font-weight:bold;"><?php echo(number_format
($rs->Fields["avgs"]->Value,4));?></label>】</td>
  </tr>
<?php
  $i+=1;$rs->movenext();//下一条记录
}//while循环结束
$rs->close();
//以下输出那些没有任何评委打分的节目,得分就为0
$sqlstr="select * from song_list where id not in (SELECT song_list. ID FROM fen_list INNER
JOIN song_list ON fen_list. song_list_id = song_list. ID group by song_list. ID, song_list. bj,
song_list. authors, song_list. song, fen_list. score)";
$rs->open($sqlstr,$conn,3,3);
while(!$rs->eof){//while循环输出
?>
  <tr>
    <td width="10%" align="center" valign="middle"<?php if($i%2!=0){echo(" bgcolor='#
99CC66'");}?>><?php echo($i);?></td>
    <td style="line-height:150%;" width="60%" align="left" valign="middle"<?php if($i%2!=0)
{echo(" bgcolor='#99CC66'");}?>>
      <b><?php echo($rs->Fields["bj"]->Value."【".$rs->Fields["authors"]->Value."】");
?></b>:<?php echo($rs->Fields["song"]->Value);?></td>
      <td width="30%" align="left" valign="middle"<?php if($i%2!=0){echo(" bgcolor='#
99CC66'");}?>>得分【<label style="color:red;font-weight:bold;">0</label>】
      </td>
  </tr>
<?php
  $i+=1;$rs->movenext();//下一条记录
}//while循环结束
$rs->close();
$conn->close();$rs=null;$conn=null;
?>
</table></body></html>
```

任务六　大众评审登录文件的编程

图14-9所示为大众评审登录界面。

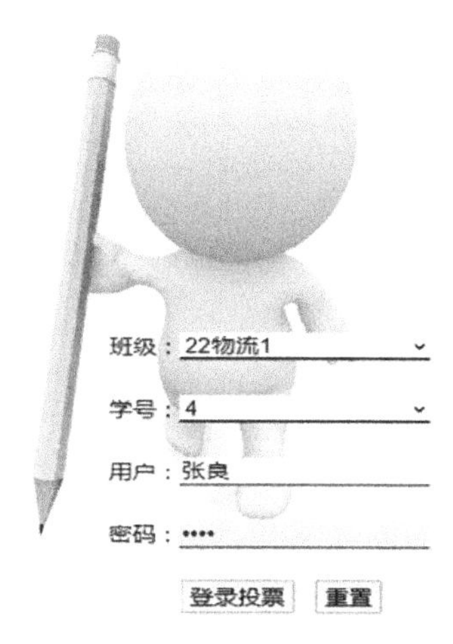

图 14-9　大众评审登录界面

index. php 文件代码如下：

```
<?php
 session_start();
 if($_SESSION["bclass_id"]!=""){//大众评审已登录成功,就直接跳转到投票页面
     header("Location: votelist. php");
     exit(0);
 }
 include("config. php");//数据库链接文件
?>
<html>
<head>
<meta http-equiv="Content-Type" content="text/html; charset=gb2312" />
<meta name=viewport content=
                width=device-width,initial-scale=1,minimum=1. 0,maximum=1. 0 />
<style type="text/css">
body{
    margin-left: 0px;margin-top: 0px;
    margin-right: 0px;margin-bottom: 0px;
    background-image:url(index_01. jpg);
    background-repeat:no-repeat;
}
td{ height:60px;font-size:20px;}
. logintxt
{
 border-left-style:none;border-right-style:none;
 border-top-style:none;border-bottom-width:2px;
 border-bottom-color:#000;font-size:20px;width:70%;
```

```
}
</style>
<title>大众投票登录</title>
<script>
//过滤头尾空格
function trim(str)
{
  if(str == null) return "" ;
  //去除前面所有的空格
  while( str. charAt(0) == ' ')
  {str = str. substring(1,str. length);}
  //去除后面的空格
  while( str. charAt(str. length-1) == ' ')
  {str = str. substring(0,str. length-1);}
  return str ;
}
function check()
 {
     var obj = document. getElementById("class1");//定位 id
     var index = obj. selectedIndex;//选中索引
     var text = obj. options[index]. text;//选中文本
     var value = obj. options[index]. value;//选中值
     if (trim(text)=="")
     {alert("请选择班级!");return false;}
     var obj = document. getElementById("number");//定位 id
     var index = obj. selectedIndex;//选中索引
     var text = obj. options[index]. text;//选中文本
     var value = obj. options[index]. value;//选中值
     if(trim(text)=="")
     {alert("请选择学号!");return false;}
     if(trim(document. form1. username. value)=="")
     {alert("账号不能为空!");form1. username. focus();return false;}
     if (trim(document. form1. pwd. value)=="")
     {alert("密码不能为空!");form1. pwd. focus();return false;}
     return true;
   }
</script>
</head>
<?php
```

```
if($_POST["dl"]=="登录投票")
{
 $MM_rsUser=@new COM("adodb. recordset");
 $MM_loginSQL="SELECT * FROM bclass WHERE hp_Username = '". $_POST["username"]. "' AND hp_Password = '". $_POST["pwd"]. "' And [class] = '". $_POST["class1"]. "' And [number] = '". $_POST["number"]. "'";
 $MM_rsUser->open($MM_loginSQL,$conn,3,3);//查询用户信息
 If((!$MM_rsUser->EOF)||(!$MM_rsUser->BOF)){
         $_SESSION["bclass_id"]=$MM_rsUser->Fields["id"]->Value;
         $MM_rsUser->Close();$MM_rsUser = null;
         $conn->Close();$conn = null;
         header("Location: votelist. php");
  }
  else{
          $MM_rsUser->Close();$MM_rsUser = null;
          $conn->Close();$conn = null;
         echo("<script>alert('请正确填写班级、学号、用户名及密码!');history. back();</script>");
  }
  exit(0);
}
$cla_cmd=@new COM("ADODB. Command");
$cla_cmd->ActiveConnection=$connstr;//命令对象
$cla_cmd->CommandText="select distinct class from bclass order by class desc";
$cla_cmd->Prepared=True;
$cla=$cla_cmd->Execute();
?>
<body><!--将 height="100%"去掉将显示在顶部-->
<table width="100%" height="100%" border="0" cellspacing="0" cellpadding="0">
 <tr><td>
    <form name="form1" id="form1" method="post" onSubmit="return check();">
    <table width="100%" border="0" cellspacing="0" cellpadding="0">
     <tr>
        <td width="30%" align="right" valign="middle">班级:</td>
        <td width="70%" align="left" valign="middle">
            <select name="class1" id="class1" class="logintxt">
             <option value="0"></option>
              <?php
              While(!$cla->EOF){
```

```
                        ?>
                    <option value="<?php echo($cla->Fields["class"]->Value);?>"><?php echo
($cla->Fields["class"]->Value);?></option>
                        <?php
                          $cla->MoveNext();
                        }
                        ?>
                    </select>
                </td>
            </tr>
            <tr>
                <td align="right" valign="middle">学号:</td>
                <td align="left" valign="middle">
                  <select name="number" id="number" class="logintxt" >
                      <option value=""></option>
                      <?php for($i=1;$i<=88;$i++)
                      {?>
                          <option value="<?php echo($i);?>"><?php echo($i);?></option>
                  <?php }?>
                  </select>
                </td>
            </tr>
            <tr>
                <td align="right" valign="middle">用户:</td>
                <td align="left" valign="middle">
                <input name="username" type="text" class="logintxt" id="username" maxlength=
"6"/></td>
            </tr>
            <tr>
                <td align="right" valign="middle">密码:</td>
                <td align="left" valign="middle">
                <input name="pwd" type="password" class="logintxt" id="pwd" maxlength="6"/>
</td>
            </tr>
            <tr>
                <td colspan="2" align="center" valign="middle">
                <input name="dl" id="dl" type="submit" value="登录投票" style="font-size:20px;
"/>  
                <input type="reset" name="cz" id="cz" value="重置" style="font-size:20px;"/></td>
```

```
        </tr>
      </table>
   </form>
   <?php $cla->Close();$cla=null;$conn->close();$conn=null;?>
   </td></tr>
</table> </body></html>
```

任务七　大众评审投票文件的编程

图14-10所示为大众评审投票界面。

图14-10　大众评审投票界面

votelist. php文件代码如下：

```
<?php
    session_start();
    if($_SESSION["bclass_id"]==""){//大众评审没有登录,就直接跳转到登录页面
        header("Location: index. php");
        exit(0);
    }
    include("config. php");//数据库链接文件
?>
<html>
<head>
<meta http-equiv="Content-Type" content="text/html; charset=gb2312" />
<meta name=viewport content=
                    width=device-width,initial-scale=1,minimum=1. 0,maximum=1. 0/>
<style type="text/css">
body {
     margin-left: 0px;margin-top: 0px;
```

```
        margin-right: 0px;margin-bottom: 0px;
    }
    table{font-size:12px;}
    </style>
    <title>大众投票</title>
    </head>
    <body>
    <table width="100%" border="0" cellspacing="10" cellpadding="10">
    <?php
    $rs=@new COM("adodb. recordset");
    $rs1=@new COM("adodb. recordset");

    if(trim($_GET["id"])!="")
    {
        $rs->open("select * from starting",$conn,3,3);
        if(!$rs->Fields["started"]->Value)//还没有开启投票通道
        {
          $rs->close();$rs=null;$conn->close();$conn=null;
         echo("<script>alert('评分通道未开启,稍后重试!');window. location='votelist. php';</
script>");
          exit(0);
        }
        $rs->close();

        $rs->open("select * from vote_list where song_list_id= ". trim($_GET["id"]). " and
bclass_id=". $_SESSION["bclass_id"],$conn,3,3);

        if(!$rs->eof){
          $rs->close();$rs=null;
          echo("<script>alert('你已经为该选手投过票了!');window. location='votelist. php';
</script>");
        }
        else{
           $rs->close();$rs=null;
          $conn->execute("insert into vote_list (song_list_id, bclass_id) values (". trim($_GET
["id"]). ",". $_SESSION["bclass_id"]. ")");
          echo("<script>alert('投票成功!');window. location='votelist. php';</script>");
      }
       $conn->close();$conn=null;exit(0);
```

```
}

$rs->open("select * from song_list",$conn,3,3);
$i=1;
while(!$rs->eof)//while循环开始,输出节目投票列表
{ //统计每个节目获得的票数
 $rs1->open("select count(song_list_id) as cous FROM vote_list where song_list_id=". $rs->
Fields["id"]->Value,$conn,3,3);
?>
  <tr>
   <td width="10%"  align="center"  valign="middle"<?php  if($i%2!=0){echo(" bgcolor=
'#99CC66'");}?>><?php echo($i);?></td>
   <!--如果节目是以视频参赛,该链接可跳转到视频观看文件showmp4. php-->
   <td onClick="javascript:window. location='showmp4. php?fn=
     <?php echo(urlencode($rs->Fields["song"]->Value));?>';" style=
     "line-height:150%;cursor:pointer;" width="70%" align="left" valign=
     "middle"<?php if($i%2!=0){echo(" bgcolor='#99CC66'");}?>><b>
     <?php echo($rs->Fields["bj"]->Value. "【". $rs->Fields["authors"]->Value.
     "】");?></b>:<?php echo($rs->Fields["song"]->Value);?><br/>
     目前票数:【<label style="color:red;font-weight:bold;">
     <?php echo($rs1->Fields["cous"]->Value);?></label>】票
   </td>
   <td width="20%" align="left" valign="middle"<?php if($i%2!=0){echo(" bgcolor='#
99CC66'");}?>><input type="button" value="投票" onclick="javascript:if(confirm('确定要给
<?php echo($i);?>号【<?php echo($rs->Fields["authors"]->Value);?>】投票吗?'))
{window. location='votelist. php?id=<?php echo($rs->Fields["id"]->Value);?>';}"></td>
  </tr>
<?php
 $i+=1;$rs1->close();$rs->movenext();//下一条记录
}//while循环结束
$rs->close();$conn->close();$rs=null;$rs1=null;$conn=null;
?>
</table></body></html>
```

任务八　投票统计文件的编程

showvote. php文件代码如下:

```
<?php include("config. php");//数据库链接文件?>
```

```
<html>
<head>
<meta http-equiv="Content-Type" content="text/html; charset=gb2312" />
<meta http-equiv="refresh" content="5"/><!--每5s刷新一次网页,实时显示投票数-->
<meta name=viewport content=
                width=device-width,initial-scale=1,minimum=1. 0,maximum=1. 0/>
<style type="text/css">
body {
    margin-left: 0px;margin-top: 0px;
    margin-right: 0px;margin-bottom: 0px;
}
table{font-size:13px;}
</style>
<title>投票情况</title>
</head>
<body>
<table width="100%" border="0" cellspacing="10" cellpadding="10">
<?php
$rs=@new COM("adodb. recordset");
//统计节目的大众投票数据,从高到低排序
$sqlstr= "SELECT song_list. id as id, song_list. bj as bj, song_list. authors as authors, song_list. song as song, count(vote_list. song_list_id) as cous FROM vote_list INNER JOIN song_list ON vote_list. song_list_id = song_list. ID group by song_list. id,song_list. bj,song_list. authors,song_list. song,vote_list. song_list_id order by count(vote_list. song_list_id) desc";

$rs->open($sqlstr,$conn,3,3);
$i=1;
while(!$rs->eof){//while循环输出投票统计列表
?>
 <tr>
  <td width="10%" align="center" valign="middle"<?php if($i%2!=0){echo(" bgcolor='#99CC66'");}?>><?php echo($i);?></td>

  <td style="line-height:150%;" width="70%" align="left" valign="middle"
  <?php if($i%2!=0){echo(" bgcolor='#99CC66'");}?>><b>
  <?php echo($rs->Fields["bj"]->Value. "【". $rs->Fields["authors"]->Value. "】");?>
  </b>:<?php echo($rs->Fields["song"]->Value);?></td>

  <td width="20%" align="left" valign="middle"<?php if($i%2!=0){echo(" bgcolor=
```

```
'#99CC66'");}?>>【<label style="color:red;font-weight:bold;"><?php echo($rs->Fields["cous"]->Value);?></label>】票</td>
    </tr>
  <?php
    $i+=1;$rs->movenext();
  }//while循环结束
  $rs->close();
  //以下输出那些没有任何大众投票的节目,得票数就为0
  $sqlstr= "select * from song_list where id not in (SELECT vote_list. song_list_id FROM vote_list INNER JOIN song_list ON vote_list. song_list_id = song_list. ID group by vote_list. song_list_id)";

  $rs->open($sqlstr,$conn,3,3);
  while(!$rs->eof){//while循环输出
  ?>
   <tr>
     <td width="10%" align="center" valign="middle"<?php if($i%2!=0){echo(" bgcolor='#99CC66'");}?>><?php echo($i);?></td>

     <td style="line-height:150%;" width="60%" align="left" valign="middle"
     <?php if($i%2!=0){echo(" bgcolor='#99CC66'");}?>><b>
     <?php echo($rs->Fields["bj"]->Value. "【". $rs->Fields["authors"]->Value. "】");?></b>:<?php echo($rs->Fields["song"]->Value);?></td>

     <td width="30%" align="left" valign="middle"<?php if($i%2!=0){echo(" bgcolor='#99CC66'");}?>>【<label style="color:red;font-weight:bold;">0</label>】
     票</td>
   </tr>
  <?php
    $i+=1;$rs->movenext();
  }//while循环结束
  $rs->close();$conn->close();$rs=null;$conn=null;
  ?>
  </table></body></html>
```

任务九　后台管理文件的编程

图14-11所示为后台管理界面。

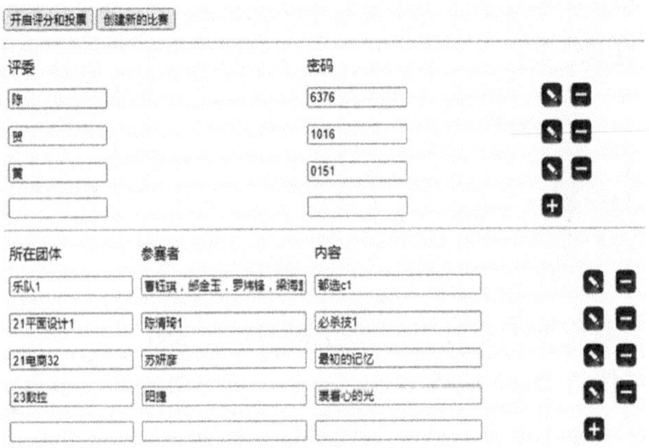

图14-11　后台管理界面

going. php文件代码如下：

```
<?php include("config. php");//数据库链接文件?>
<html>
<head>
<meta http-equiv="Content-Type" content="text/html; charset=gb2312" />
<meta name=viewport content=
                    width=device-width,initial-scale=1,minimum=1. 0,maximum=1. 0/>
<style type="text/css">
 body{font-size:13px;}
</style>
<title>后台管理</title>
</head>
<body>
<?php
if($_GET["new"]=="1"){//删除上次比赛的数据
  $conn->execute("delete from fen_list");//清除评委评分
  $conn->execute("delete from vote_list");//清除大众投票
}

if($_POST["qd"]=="开启评分和投票"){
  $conn->execute("update starting set started=true");
}
elseif($_POST["qd"]=="关闭评分和投票"){
  $conn->execute("update starting set started=false");
}
?>
<body>
<form method="post">
```

```
<?php
$rs=@new COM("adodb. recordset");
$rs->open("select * from starting",$conn,3,3);
if(!$rs->Fields["started"]->Value){//还没有开启投票通道
?>
 <input type="submit" name="qd" value="开启评分和投票"/>
<?php
}else{
?>
  <input type="submit" name="qd" value="关闭评分和投票"/>
<?php
}
$rs->close();$rs=null;
?>
 <input type="button" name="qd" value="创建新的比赛" onclick="javascript:if(confirm('创
建新的比赛,将删除上一次比赛的所有数据,确定要删除吗?')){window. location='going. php?
new=1';}"/>
</form>
<hr/>
<?php
 if($_POST["uid"]!=""){//修改用户密码
   try {//尝试执行的代码,可能会抛出异常
        $conn->execute("update admin_list set xm='". $_POST["username"].
                              "',card_id='". $_POST["pwd"]. "' where id=". $_POST["uid"]);
        //throw new Exception("发生了异常");
      }
      catch (Exception $e) {
        $conn->close();$conn=null;
         //异常处理
        echo("<script>alert('修改失败:". $e->getMessage(). "!');
                                              window. location='going. php';</script>");
        //die($e->getMessage());//输出异常消息并终止脚本
        exit(0);
      }
      $conn->close();$conn=null;
      echo("<script>alert('修改成功!');window. location='going. php';</script>");
      exit(0);
 }//修改用户结束
 else{
```

```
    if((trim($_POST["username"])!="")&&(trim($_POST["pwd"])!="")){//添加新用户
            $rs=@new COM("adodb. recordset");
            $rs->Open("select * from admin_list where xm='".
                                            trim($_POST["username"]). "'",$conn,3,3);
            if(!$rs->eof){
                $rs->close();$rs=null;$conn->close();$conn=null;
                echo("<script>alert('用户名【". trim($_POST["username"]). "】已经存在!');
window. location='going. php';</script>");
            }else{
                $rs->addnew();
                $rs->Fields["xm"]->Value=trim($_POST["username"]);
                $rs->Fields["card_id"]->Value=$_POST["pwd"];
                $rs->update();
                $rs->close();$rs=null;$conn->close();$conn=null;
                echo("<script>alert('用户名【". trim($_POST["username"]). "】添加成功!');
window. location='going. php';</script>");
            }
            exit(0);
        }//添加新用户结束
    }
    ?>
    <table width="100%" border="0" cellspacing="0" cellpadding="5">
     <tr><td width="45%">评委</td><td width="35%">密码</td>
    <td > </td></tr>
     <?php
      $rs=@new COM("adodb. recordset");
      $rs->Open("select * from admin_list order by xm asc",$conn,3,3);
      while(!$rs->eof){//while循环开始
     ?>
       <form name="myuser<?php echo($rs->Fields["id"]->Value);?>" id=
                   "myuser<?php echo($rs->Fields["id"]->Value);?>" method="post">
         <!--修改评委信息用的隐藏域uid-->
       <input name="uid" type="hidden" value=
                                   "<?php echo($rs->Fields["id"]->Value);?>" />
       <tr>
         <td valign="middle">
              <input value="<?php echo($rs->Fields["xm"]->Value);?>" name=
                        "username" type="text" style="width:120px;" maxlength="9"/>
         </td>
```

```
<td valign="middle">
  <input value="<?php echo($rs->Fields["card_id"]->Value);?>" name=
                    "pwd" type="text" style="width:120px;" maxlength="9"/>
</td>
<td valign="middle">
  <img src="xg. png" width="25" height="25" style=
  "border:0px;cursor:pointer;" title="修改" onclick=
  "javascript:document. getElementById('myuser<?php
  echo($rs->Fields["id"]->Value);?>'). submit();"/>  
  <img src="del1. png" width="25" height="25" style=
  "border:0px;cursor:pointer;" title="删除" onclick=
  "javascript:if(confirm('确定要删除吗?')) window. location='del. php?id=
 <?php echo($rs->Fields["id"]->Value);?>';"/></td>
</tr>
</form>
<?php
 $rs->movenext();
}//while循环结束
$rs->close();$rs=null;
?>
<form name="myuser" id="myuser" method="post">
<tr>
  <td valign="middle"><input name="username" type="text" style=
                                  "width:120px;" maxlength="9"/></td>
<td valign="middle"><input name="pwd" type="text" style="width:120px;" maxlength=
"9" /></td>
  <td valign="middle"><img src="add. png" width="25" height="25" style=
  "border:0px;cursor:pointer;" title="添加" onclick=
  "javascript:myuser. submit();"/></td>
</tr>
</form>
</table>
<hr/>
<?php
 if($_POST["jmid"]<>""){//修改节目
   try {//尝试执行的代码,可能会抛出异常
     $conn->execute("update song_list set bj='". trim($_POST["bj"]).
        "',authors='". trim($_POST["authors"]). "',song='". trim($_POST["song"]).
```

```
        "' where id=". $_POST["jmid"]);
      //throw new Exception("发生了异常");
    }
    catch (Exception $e) {//异常处理
      $conn->close();$conn=null;
      echo("<script>alert('修改失败:". $e->getMessage().
                                  "!');window. location='going. php';</script>");
      //die($e->getMessage());//输出异常消息并终止脚本
      exit(0);
    }
    $conn->close();$conn=null;
    echo("<script>alert('修改成功!');window. location='going. php';</script>");
    exit(0);//修改节目结束
}else{
   if((trim($_POST["bj"])!="")&&(trim($_POST["authors"])!="")&&
     (trim($_POST["song"])!=""))
     {//添加新节目
        $rs=@new COM("adodb. recordset");
        $rs->Open("song_list",$conn,3,3);
        $rs->addnew();
        $rs->Fields["bj"]->Value=trim($_POST["bj"]);
        $rs->Fields["authors"]->Value=trim($_POST["authors"]);
        $rs->Fields["song"]->Value=trim($_POST["song"]);
        $rs->update();
        $rs->close();$rs=null;$conn->close();$conn=null;
        echo("<script>alert('节目添加成功!');
                                        window. location='going. php';</script>");
     }//添加节目结束
 }
?>
<table width="100%" border="0" cellspacing="0" cellpadding="5">
 <tr>
  <td width="15%">所在团体</td>
  <td width="25%">参赛者</td>
  <td width="40%">内容</td>
  <td> </td>
 </tr>
 <?php
```

```
    $rs=@new COM("adodb. recordset");
    $rs->Open("select * from song_list",$conn,3,3);
    while(!$rs->eof){//while循环开始
   ?>
      <form name="jm<?php echo($rs->Fields["id"]->Value);?>" id="jm<?php echo($rs->
Fields["id"]->Value);?>" method="post">
      <!--修改节目用的隐藏域jmid-->
      <input name="jmid" type="hidden" value=
                                        "<?php echo($rs->Fields["id"]->Value);?>"/>
      <tr>
       <td valign="middle">
  <input value="<?php echo($rs->Fields["bj"]->Value);?>" name="bj" type="text" style=
"width:150px;" maxlength="19"/>
       </td>
       <td valign="middle">
  <input value="<?php echo($rs->Fields["authors"]->Value);?>" name=
                           "authors" type="text"style="width:200px;" maxlength="99"/>
       </td>
       <td valign="middle">
  <input value="<?php echo($rs->Fields["song"]->Value);?>" name="song" type="text" style=
"width:200px;" maxlength="49"/>
       </td>
       <td valign="middle">
       <img src="xg. png" width="25" height="25" style=
       "border:0px;cursor:pointer;" title="修改" onclick=
  "javascript:document. getElementById('jm<?php echo($rs->Fields["id"]->Value);?>').
  submit();"/>  
       <img src="del1. png" width="25" height="25" style=
       "border:0px;cursor:pointer;" title="删除" onclick=
  "javascript:if(confirm('确定要删除吗?')) window. location='del. php?jmid=
  <?php echo($rs->Fields["id"]->Value);?>';"/>
      </td>
      </tr>
      </form>
   <?php
    $rs->movenext();
   }//while循环结束
   $rs->close();$rs=null;
```

```
?>
<form name="jm" id="jm" method="post">
 <tr><!--添加节目的表单-->
  <td valign="middle"><input name="bj" type="text" style="width:150px;" maxlength="19"/>
</td>
  <td valign="middle"><input name="authors" type="text" style="width:200px;" maxlength="
99"/></td>
  <td valign="middle"><input name="song" type="text" style="width:200px;" maxlength="
49" /></td>
  <td valign="middle"><img src="add. png" width="25" height="25" style="border:0px;
cursor:pointer;" title="添加" onclick="javascript:jm. submit();"/>
  </td>
 </tr>
 </form>
</table>
<?php
$conn->close();$conn=null;
?>
</body></html>
```

任务十 删除评委和节目文件的编程

del. php文件代码如下：

```
<?php
 include("config. php");//数据库链接文件
 try {//尝试执行的代码,可能会抛出异常
     if(trim($_GET["id"])!=""){//删除用户
          $conn->execute("delete from admin_list where id=". trim($_GET["id"]));
     }
     elseif(trim($_GET["jmid"])!=""){//删除节目
          $conn->execute("delete from song_list where id=". trim($_GET["jmid"]));
     }
 } catch (Exception $e) {
 die($e->getMessage())//输出异常消息并终止脚本
 }
 //如果没有异常发生,这里的代码将正常执行
 $conn->close();$conn=null;
 header("Location: going. php");//跳转到管理界面
?>
```

案例小结

以上是在线评分小程序功能的实现，在此基础上还可以进一步完善其他功能。例如，允许用户根据活动特点，自定义评分页面、选项、颜色等，以更好地融入活动氛围；提供详细的评分数据统计分析功能，包括分数排名、平均分、最高分、最低分等，支持数据导出，便于后续分析和报告制作。除了评分功能，还可提供游戏、抢红包、文字、图片、视频、抽奖、签到等多种互动功能，为活动现场带来炫酷、便捷的互动新体验等。

在线评分小程序是一种便捷、高效的信息化、网络化的评分工具，可以为各种比赛、评选、选拔等活动提供有力的支持，确保活动的顺利进行和评分的公平、公正。

案例十五

物联网应用小程序

案例描述

物联网应用小程序作为连接物理世界与数字世界的桥梁，正逐渐融入并改变着我们的生活方式。物联网应用小程序是基于物联网技术，实现设备控制、数据采集、信息推送等功能的应用程序。它将各种智能硬件设备与数字平台连接起来，使用户可以方便地管理和控制身边的智能设备。本案例连接和控制的是一款可编程控制的智能家居虚拟仿真软件。软件安装在电脑上，就是一台仿真的物联网实训设备，电脑的ip地址就是仿真设备的地址。物联网应用小程序通过ip地址连接仿真物联网实训设备后，能从仿真设备中获取传感器数据，以及控制仿真设备。

（1）图15-1所示为可编程控制的智能家居虚拟仿真软件主界面。

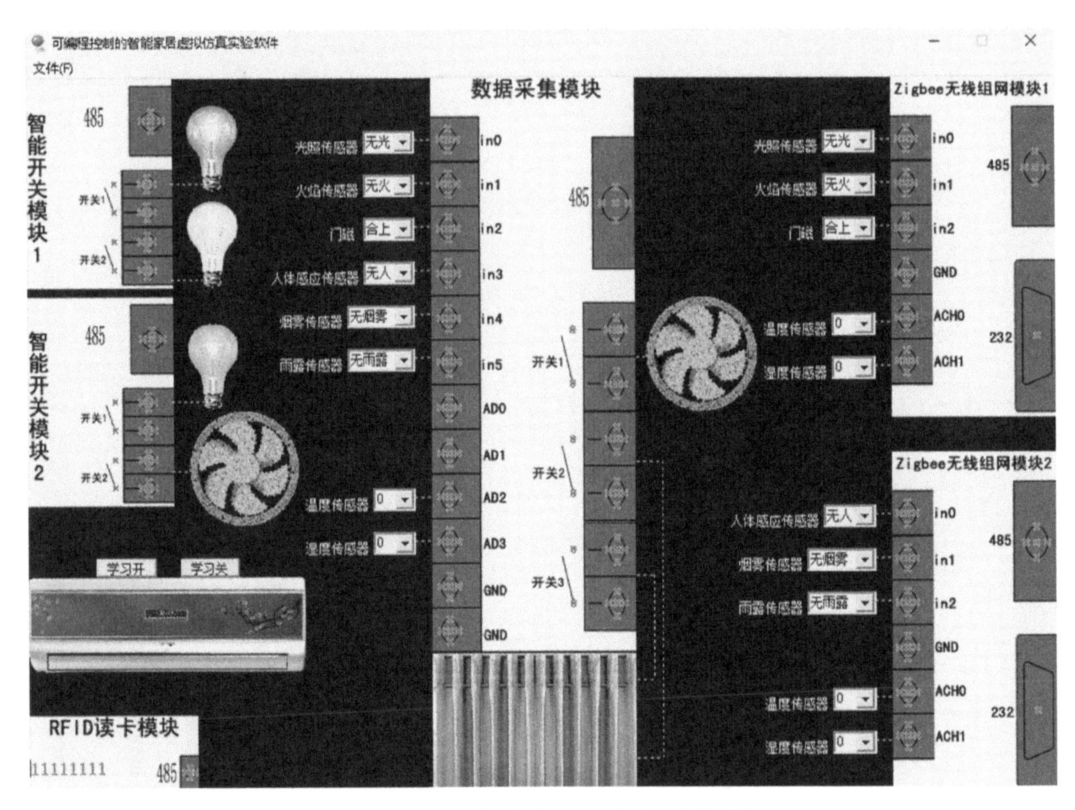

图15-1 可编程控制的智能家居虚拟仿真软件主界面

（2）图15-2所示为可编程控制的智能家居虚拟仿真软件遥控飞行模块界面。

（3）图15-3所示为可编程控制的智能家居虚拟仿真软件的使用说明。

（4）控制开空调，要先学习开命令。单击“学习开”按钮后其变成红色，然后发送“学习空调-开”的命令，红色变成灰色，即学习开成功，如图15-4所示。

（5）控制关空调，要先学习关命令。单击“学习关”按钮后其变成红色，然后发送“学习空调-关”的命令，红色变成灰色，即学习关成功，如图15-5所示。

图 15-2　可编程控制的智能家居虚拟仿真软件遥控飞行模块界面

```
说明
软件的连接端口为：10000
ip地址为：运行该软件电脑的ip地址

端口号：默认是10000,或者是10001,10002……
--------------------------------------------------------------------------------
可以有两种方式发送命令：

(1)socket发送命令 (2)http://ip地址:端口号/命令
--------------------------------------------------------------------------------
1. 智能开关模块（假设模块地址为01）

开灯1：01S01 ，关灯1：01C01， 开灯2：01S10 ，关灯2：01C10；

获取灯信息命令01GIO：返回如01IO=00（表示灯全关）
--------------------------------------------------------------------------------
2. 红外伴侣模块（控制空调）

学习空调开发送STUDY01，发送SENDD01控制空调开（01为编码，可以换成其他如03、04等）

学习空调关发送STUDY02，发送SENDD02控制空调关（02为编码，可以换成其他如03、04等）
--------------------------------------------------------------------------------
3. 数据采集模块（假设模块地址为0F）

控制窗帘：0FC011关掉所有，0FS010(开窗帘)，0FS001(关窗帘)

获取in0～in5信息命令：0FGIO，返回信息(二进制字符串)如0FIO=011111

in0：光照传感器：有光为0，无光为1
in1：火焰传感器：有火为1，无火为0
in2：门磁：分开为1，合上为0
in3：人体感应传感器（热释电），有人为1，无人为0
in4：烟雾传感器：有烟雾为1，无烟雾为0
in5：雨露传感器：有雨露为1，无雨露为0

采集AD0～AD3的数据命令：0FGAD,返回信息(十六进制字符串)如0FAD=d0cf596d(AD0=d0,AD1=cf,AD2=59,AD3=6d)

假设AD2接温度传感器，AD3接湿度传感器

温度的转换公式：(U/51-0.8)/0.044 (U为对应的AD2的16进制转换成10进制数)
湿度的转换公式：(U*100)/153 (U为对应的AD3的16进制转换成10进制数)
```

图 15-3　可编程控制的智能家居虚拟仿真软件的使用说明

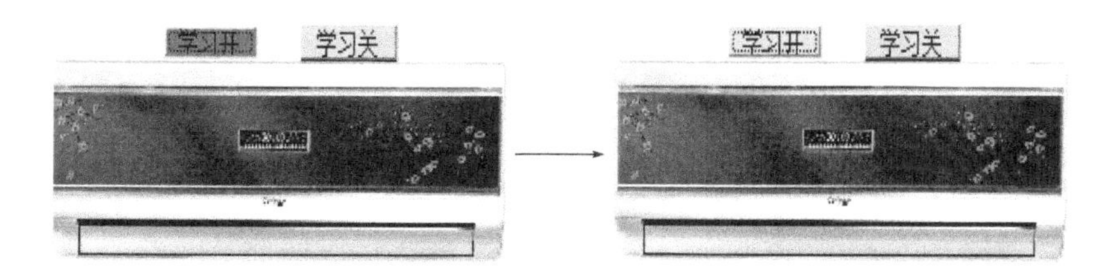

图 15-4　学习空调-开

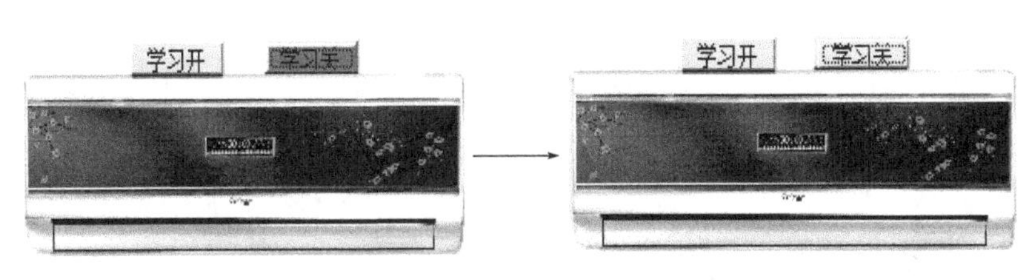

图15-5 学习空调-关

小贴士

可编程控制的智能家居虚拟仿真软件下载地址:
http://14.116.207.34:880/lb/download/setup.exe

案例功能分析

本案例连接和控制仿真物联网实训设备属于跨域访问,需要使用PHP后台+JS前端组合编程,主要实现以下功能。

(1)在线控制紫灯、黄灯、绿灯、风扇、空调、抽风机、窗帘的开关。

(2)实时显示光照、火焰、门磁、人体感应、烟雾、雨露传感器的状态。

(3)实时显示温度、湿度传感器的数值。

(4)窗帘能根据雨露传感器的值自动开关:有雨时,关窗帘;无雨时,开窗帘。

(5)空调能根据温度传感器的值自动开关:温度大于或等于30℃时,开空调;温度小于30℃时,关空调。

图15-6所示为物联网应用小程序界面。

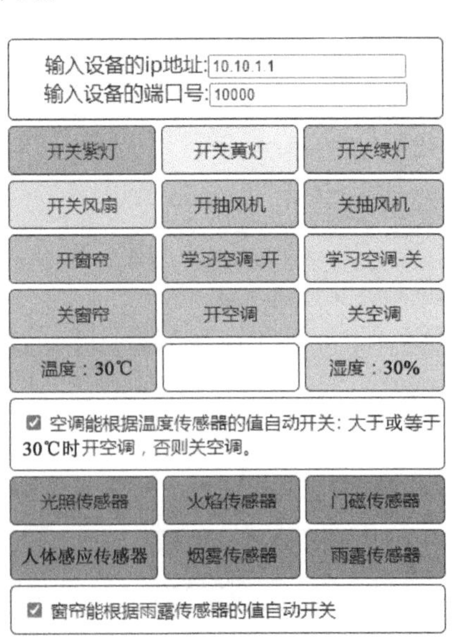

图15-6 物联网应用小程序界面

实现以上功能,要编写以下两个文件。

（1）物联网应用小程序后台响应文件response. php。
（2）物联网应用小程序主文件index. html。

任务一　物联网应用小程序后台响应文件的编程

response. php文件代码如下：

```
<?php
   if ((trim($_POST["cmd"])=="")||(trim($_POST["ip"])=="")
       ||(trim($_POST["port"])==""))
       {exit(0);}//如果提交的命令或地址或端口有一个为空,就退出
  //根据命令组合成网址URL
  $url ="http://". trim($_POST["ip"]). ":". trim($_POST["port"]).
                                         "/". trim($_POST["cmd"]);
  $ch = curl_init();
  curl_setopt($ch, CURLOPT_URL,$url);//设置访问的URL
  curl_setopt($ch, CURLOPT_RETURNTRANSFER,1);
  $output = curl_exec($ch);//访问URL,获取信息
  curl_close($ch);//关闭访问
  echo $output;//输出获取的信息
?>
```

任务二　物联网应用小程序主文件的编程

1. index. html的CSS和HTML代码

```
<!--手机浏览器自适应代码-->
<META name=viewport  content=width=device-width,initial-scale=1. 0,
minimum-scale=1. 0,maximum-scale=1. 0>
<style type="text/css">
td{ /*单元格样式*/
      font:bold 16px;
      border:1px solid rgba(6,6,6,1. 00);
      border-radius: 5px;
      vertical-align: middle;
      text-align: center;
      cursor: pointer;
}
. cgq{/*传感器单元格样式,背景颜色开始透明度为0*/
      background: rgba(255,0,0,0);
```

```
}
</style>
<body>
<table width="400" border="0" align="center" cellpadding="10" cellspacing="5">
<tr>
 <td colspan="3" style="font-size:18px">
  输入设备的ip地址:<input type="text" id="ip"><br/>
  输入设备的端口号:<input type="text" id="port" value="10000">
 </td>
</tr>
<tr>
  <td style="background:rgba(251,154,250,1. 00)" id="zd">开关紫灯</td>
  <td style="background:rgba(243,247,111,1. 00)" id="hd">开关黄灯</td>
  <td style="background:rgba(117,247,128,1. 00)" id="ld">开关绿灯</td>
</tr>
<tr>
  <td style="background:rgba(167,235,247,1. 00)" id="fs">开关风扇</td>
  <td style="background:rgba(157,203,245,1. 00)" id="kcf">开抽风机</td>
  <td style="background:rgba(157,203,245,1. 00)" id="gcf">关抽风机</td>
</tr>
<tr>
  <td style="background:rgba(117,120,216,0. 5)" id="kcl">开窗帘</td>
  <td style="background:rgba(244,177,118,1. 00)" id="studyk">学习空调-开</td>
  <td style="background:rgba(243,156,158,0. 5)" id="studyg">学习空调-关</td>
</tr>
<tr>
  <td style="background:rgba(117,120,216,0. 5)" id="gcl">关窗帘</td>
  <td style="background:rgba(244,177,118,1. 00)" id="kkt">开空调</td>
  <td style="background:rgba(243,156,158,0. 5)" id="gkt">关空调</td>
</tr>
<tr>
  <td style="background:rgba(247,44,69,0. 5)" id="wd">温度:0℃</td>
  <td> </td>
  <td style="background:rgba(194,217,88,1. 00)" id="sd">湿度:30%</td>
</tr>
<tr>
  <td colspan="3" style="text-align:left">
   <input type="checkbox" id="autok" value="k">
   空调能根据温度传感器的值自动开关:大于或等于30℃时开空调,否则关空调。
```

```
  </td>
 </tr>
 <tr>
  <td id="gz" class="cgq">光照传感器</td>
  <td id="hy" class="cgq">火焰传感器</td>
  <td id="mc" class="cgq">门磁传感器</td>
 </tr>
 <tr>
  <td id="rt" class="cgq">人体感应传感器</td>
  <td id="yw" class="cgq">烟雾传感器</td>
  <td id="yl" class="cgq">雨露传感器</td>
 </tr>
 <tr>
  <td colspan="3" style="text-align:left">
      <input type="checkbox" id="autoc" value="c">
      窗帘能根据雨露传感器的值自动开关
  </td>
 </tr>
 </table>
 </body>
```

2. index. html的JS程序代码

```
<script src="jquery-3. 1. 1. min. js"></script>
<script>
function trim(str)//过滤头尾空格的自定义函数
{
   if(str == null) return "" ;
   //去除前面所有的空格
   while( str. charAt(0) == ' ')
    {tr = str. substring(1,str. length); }
   //去除后面的空格
   while( str. charAt(str. length-1) == ' ')
     {str = str. substring(0,str. length-1);}
   return str ;
}
function sleep(delay){//JS实现延迟的自定义函数
  var start = new Date(). getTime();
  while (new Date(). getTime() - start < delay) {
   //空循环,等待延迟时间过去
```

```
    }
  }
  var oldwd=-1,oldyl="-1";//保存上一次的温度和雨露值
  $. ajaxSetup({timeout:5000});//设置ajax的全局超时时间。当jquery的post的回调函数中
又用到post时,需要设置全局超时时间,否则可能导致程序卡死

  document. getElementById("zd"). onclick=function(){//开关紫灯自定义函数
   var tmpip=trim(document. getElementById("ip"). value);//读取ip地址
   var tmpport=trim(document. getElementById("port"). value);//读取端口号
   if((tmpip=="")||(tmpport=="")){//ip或端口为空就退出
        alert("ip地址和端口都不能为空!");
        return;
   }
   $. post("response. php",
        {'cmd':"01GIO",'ip':tmpip,'port':tmpport},//发送命令、地址、端口
        function(data,status){
             var dstr=trim(data);//保存返回的信息,如01IO=00
             //"="号后面第1个字符是否为1
             if(dstr. substr(dstr. indexOf("=")+1,1)=="1")
             {//发送关灯命令01C01
              $. post("response. php",{'cmd':"01C01",'ip':tmpip,'port':tmpport},
                        function(data,status){alert("sdf");}
                  );
             }
             else if(dstr. substr(dstr. indexOf("=")+1,1)=="0")
             {//发送开灯命令01S01
              $. post("response. php",{'cmd':"01S01",'ip':tmpip,'port':tmpport},
                        function(data,status){}
                 );
             }
        }
   );
   }
  document. getElementById("hd"). onclick=function(){//开关黄灯自定义函数
   var tmpip=trim(document. getElementById("ip"). value);//读取ip地址
   var tmpport=trim(document. getElementById("port"). value);//读取端口号
   if((tmpip=="")||(tmpport=="")){//ip或端口为空就退出
        alert("ip地址和端口都不能为空!");
        return;
```

```
    }
    $. post("response. php",
        {'cmd':"01GIO",'ip':tmpip,'port':tmpport},//发送命令、地址、端口
        function(data,status){
            var dstr=trim(data);//保存返回的信息
            //“=”号后面第2个字符是否为1
            if(dstr. substr(dstr. indexOf("=")+2,1)=="1")
            {//发送关灯命令01C10
             $. post("response. php",{'cmd':"01C10",'ip':tmpip,'port':tmpport},
                     function(data,status){}
              );
            }
            else if(dstr. substr(dstr. indexOf("=")+2,1)=="0")
            {//发送开灯命令01S10
             $. post("response. php",{'cmd':"01S10",'ip':tmpip,'port':tmpport},
                     function(data,status){}
              );
            }
        }
   );
  }
document. getElementById("ld"). onclick=function(){//开关绿灯自定义函数
  var tmpip=trim(document. getElementById("ip"). value);//读取ip地址
  var tmpport=trim(document. getElementById("port"). value);//读取端口号
  if((tmpip=="")||(tmpport=="")){//ip或端口为空就退出
      alert("ip地址和端口都不能为空!");
      return;
  }
  $. post("response. php",
      {'cmd':"10GIO",'ip':tmpip,'port':tmpport},//发送命令、地址、端口
      function(data,status){
          var dstr=trim(data);//保存返回的信息
          //“=”号后面第1个字符是否为1
          if(dstr. substr(dstr. indexOf("=")+1,1)=="1")
          {//发送关灯命令10C01
           $. post("response. php",{'cmd':"10C01",'ip':tmpip,'port':tmpport},
                   function(data,status){}
            );
          }
```

```
                else if(dstr. substr(dstr. indexOf("=")+1,1)=="0")
                {//发送开灯命令10S01
                 $. post("response. php",{'cmd':"10S01",'ip':tmpip,'port':tmpport},
                          function(data,status){}
                  );
                }
            }
    );
    }
  document. getElementById("fs"). onclick=function(){//开关风扇自定义函数
    var tmpip=trim(document. getElementById("ip"). value);//读取ip地址
    var tmpport=trim(document. getElementById("port"). value);//读取端口号
    if((tmpip=="")||(tmpport=="")){//ip或端口为空就退出
         alert("ip地址和端口都不能为空!");
         return;
    }
    $. post("response. php",
         {'cmd':"10GIO",'ip':tmpip,'port':tmpport},//发送命令、地址、端口
         function(data,status){
              var dstr=trim(data);//保存返回的信息
              //"="号后面第2个字符是否为1
              if(dstr. substr(dstr. indexOf("=")+2,1)=="1")
              {//发送关风扇1命令10C10
               $. post("response. php",{'cmd':"10C10",'ip':tmpip,'port':tmpport},
                        function(data,status){}
                 );
              }
              else if(dstr. substr(dstr. indexOf("=")+2,1)=="0")
              {//发送开风扇1命令10S10
               $. post("response. php",{'cmd':"10S10",'ip':tmpip,'port':tmpport},
                        function(data,status){}
                 );
              }
          }
    );
    }
  document. getElementById("kcf"). onclick=function(){//开抽风机自定义函数
    var tmpip=trim(document. getElementById("ip"). value);//读取ip地址
    var tmpport=trim(document. getElementById("port"). value);//读取端口号
```

```
  if((tmpip=="")||(tmpport=="")){//ip或端口为空就退出
        alert("ip地址和端口都不能为空!");
        return;
  }
  //发送开抽风机命令0FS100
  $.post("response.php",{'cmd':"0FS100",'ip':tmpip,'port':tmpport},
            function(data,status){}
  );
}
document.getElementById("gcf").onclick=function(){//关抽风机自定义函数
  var tmpip=trim(document.getElementById("ip").value);//读取ip地址
  var tmpport=trim(document.getElementById("port").value);//读取端口号
  if((tmpip=="")||(tmpport=="")){//ip或端口为空就退出
        alert("ip地址和端口都不能为空!");
        return;
  }
  //发送关抽风机命令0FC100
  $.post("response.php",{'cmd':"0FC100",'ip':tmpip,'port':tmpport},
            function(data,status){}
  );
}
document.getElementById("kcl").onclick=function(){//开窗帘自定义函数
  var tmpip=trim(document.getElementById("ip").value);//读取ip地址
  var tmpport=trim(document.getElementById("port").value);//读取端口号
  if((tmpip=="")||(tmpport=="")){//ip或端口为空就退出
        alert("ip地址和端口都不能为空!");
        return;
  }
  //发送开窗帘命令0FS010
  $.post("response.php",{'cmd':"0FS010",'ip':tmpip,'port':tmpport},
            function(data,status){}
  );
}
document.getElementById("gcl").onclick=function(){//关窗帘自定义函数
  var tmpip=trim(document.getElementById("ip").value);//读取ip地址
  var tmpport=trim(document.getElementById("port").value);//读取端口号
  if((tmpip=="")||(tmpport=="")){//ip或端口为空就退出
        alert("ip地址和端口都不能为空!");
        return;
```

```
 }
 //发送关窗帘命令 0FS001
 $.post("response.php",{'cmd':"0FS001",'ip':tmpip,'port':tmpport},
        function(data,status){}
 );
}
document.getElementById("studyk").onclick=function(){//学习空调-开自定义函数
 var tmpip=trim(document.getElementById("ip").value);//读取ip地址
 var tmpport=trim(document.getElementById("port").value);//读取端口号
 if((tmpip=="")||(tmpport=="")){//ip或端口为空就退出
     alert("ip地址和端口都不能为空!");
     return;
 }
 //发送学习空调-开命令 STUDY01
 $.post("response.php",{'cmd':"STUDY01",'ip':tmpip,'port':tmpport},
        function(data,status){}
 );
}
document.getElementById("kkt").onclick=function(){//开空调自定义函数
 var tmpip=trim(document.getElementById("ip").value);//读取ip地址
 var tmpport=trim(document.getElementById("port").value);//读取端口号
 if((tmpip=="")||(tmpport=="")){//ip或端口为空就退出
     alert("ip地址和端口都不能为空!");
     return;
 }
 //发送开空调命令 SENDD01
 $.post("response.php",{'cmd':"SENDD01",'ip':tmpip,'port':tmpport},
        function(data,status){}
 );
}
document.getElementById("studyg").onclick=function(){//学习空调-关自定义函数
 var tmpip=trim(document.getElementById("ip").value);//读取ip地址
 var tmpport=trim(document.getElementById("port").value);//读取端口号
 if((tmpip=="")||(tmpport=="")){//ip或端口为空就退出
     alert("ip地址和端口都不能为空!");
     return;
 }
 //发送学习空调-关命令 STUDY02
 $.post("response.php",{'cmd':"STUDY02",'ip':tmpip,'port':tmpport},
```

```
                function(data,status){}
    );
}
document. getElementById("gkt"). onclick=function(){//关空调自定义函数
    var tmpip=trim(document. getElementById("ip"). value);//读取ip地址
    var tmpport=trim(document. getElementById("port"). value);//读取端口号
    if((tmpip=="")||(tmpport=="")){//ip或端口为空就退出
        alert("ip地址和端口都不能为空!");
        return;
    }
    //发送关空调命令SENDD02
    $. post("response. php",{'cmd':"SENDD02",'ip':tmpip,'port':tmpport},
                function(data,status){}
    );
}
//以下是每隔3s实时获取设备温湿度及各传感器信息的自定义函数
var id=setInterval(function(){
    var tmpip=trim(document. getElementById("ip"). value);//读取ip地址
    var tmpport=trim(document. getElementById("port"). value);//读取端口号
    if((tmpip=="")||(tmpport=="")){//ip或端口为空就退出
        return;
    }
    $. post("response. php",//获取in0~in5所接传感器的命令0FGIO
        {'cmd':"0FGIO",'ip':tmpip,'port':tmpport},
        function(data,status){
            var dstr=trim(data);//保存返回的信息,如0FIO=011111
            //“=”号后面第1个字符是光照传感器
            if(dstr. substr(dstr. indexOf("=")+1,1)=="1")//无光
            {//背景透明度为0
             $("#gz"). css("background","rgba(255,0,0,0)");
            }
            else if(dstr. substr(dstr. indexOf("=")+1,1)=="0")//有光
            {//背景红色
             $("#gz"). css("background","rgba(255,0,0,0. 7)");
            }
            //“=”号后面第2个字符是火焰传感器
            if(dstr. substr(dstr. indexOf("=")+2,1)=="0")//无火
            {//背景透明度为0
             $("#hy"). css("background","rgba(255,0,0,0)");
```

```
}
else if(dstr. substr(dstr. indexOf("=")+2,1)=="1")//有火
{//背景红色
 $("#hy"). css("background","rgba(255,0,0,0. 7)");
}
//“=”号后面第3个字符是门磁传感器
if(dstr. substr(dstr. indexOf("=")+3,1)=="0")//门关
{//背景透明度为0
 $("#mc"). css("background","rgba(255,0,0,0)");
}
else if(dstr. substr(dstr. indexOf("=")+3,1)=="1")//门开
{//背景红色
 $("#mc"). css("background","rgba(255,0,0,0. 7)");
}
//“=”号后面第4个字符是人体感应传感器
if(dstr. substr(dstr. indexOf("=")+4,1)=="0")//无人
{//背景透明度为0
 $("#rt"). css("background","rgba(255,0,0,0)");
}
else if(dstr. substr(dstr. indexOf("=")+4,1)=="1")//有人
{//背景红色
 $("#rt"). css("background","rgba(255,0,0,0. 7)");
}
//“=”号后面第5个字符是烟雾传感器
if(dstr. substr(dstr. indexOf("=")+5,1)=="0")//无烟雾
{//背景透明度为0
 $("#yw"). css("background","rgba(255,0,0,0)");
}
else if(dstr. substr(dstr. indexOf("=")+5,1)=="1")//有烟雾
{//背景红色
 $("#yw"). css("background","rgba(255,0,0,0. 7)");
}
//“=”号后面第6个字符是雨露传感器
if(dstr. substr(dstr. indexOf("=")+6,1)=="0")//无雨
{//背景透明度为0
 $("#yl"). css("background","rgba(255,0,0,0)");
}
else if(dstr. substr(dstr. indexOf("=")+6,1)=="1")//有雨
{//背景红色
```

```
            $("#yl"). css("background","rgba(255,0,0,0. 7)");
            }
            //console. log(dstr. substr(dstr. indexOf("=")+6,1) + oldyl);
            if((document. getElementById('autoc'). checked==true)&&
                (dstr. substr(dstr. indexOf("=")+6,1)!=oldyl))
            {//是开启了雨露传感器控制窗帘开关,且雨露值发生了改变
                //console. log(dstr. substr(dstr. indexOf("=")+6,1));
                if(dstr. substr(dstr. indexOf("=")+6,1)=="0")//无雨
                {//发送开窗帘命令0FS010
                 console. log("雨露"+dstr. substr(dstr. indexOf("=")+6,1));//调试信息
                 $. post("response. php",
                        {'cmd':"0FS010",'ip':tmpip,'port':tmpport},
                          function(data,status){});
                }
                else if(dstr. substr(dstr. indexOf("=")+6,1)=="1")//有雨
                {//发送关窗帘命令0FS001
                 console. log("雨露"+dstr. substr(dstr. indexOf("=")+6,1));//调试信息
                 $. post("response. php",
                          {'cmd':"0FS001",'ip':tmpip,'port':tmpport},
                          function(data,status){});
                }
            }//是开启了雨露传感器控制窗帘开关结束
            oldyl=dstr. substr(dstr. indexOf("=")+6,1);//更新雨露值oldyl
        }
);

//以下是获取AD0～AD3所接数值传感器的命令0FGAD
//返回信息(十六进制字符串),如0FAD=d0cf596d(AD0=d0,AD1=cf,AD2=59,AD3=6d)
//AD2接温度传感器,AD3接湿度传感器
$. post("response. php",
    {'cmd':"0FGAD",'ip':tmpip,'port':tmpport},
    function(data,status){
      var dstr=trim(data);//保存返回的信息,如0FAD=d0cf596d
      //"="号后面第5、6个字符是AD2的温度传感器十六进制数值
      var wdstr=dstr. substr(dstr. indexOf("=")+5,2);
      var wdint=parseInt(wdstr,16);//十六进制字符转换成十进制数值
      //最终显示温度的转换公式:(U/51-0. 8)/0. 044(U为十进制数)
      wdint=Math. round((wdint/51-0. 8)/0. 044);
      //console. log(wdint);
```

```
            document. getElementById("wd"). innerText="温度:"+wdint+"℃";
            if((document. getElementById('autok'). checked==true)&&
              (wdint!=oldwd))
              {//是开启了温度传感器控制空调开关,且温度值发生了改变
                  console. log("温度"+wdint);//调试信息
                  if(wdint>=30)//开空调
                  {
                    //发送开空调命令 SENDD01
                   $. post("response. php",
                              {'cmd':"SENDD01",'ip':tmpip,'port':tmpport},
                              function(data,status){});
                  }
                  else{//关空调
                    //发送关空调命令 SENDD02
                   $. post("response. php",
                              {'cmd':"SENDD02",'ip':tmpip,'port':tmpport},
                              function(data,status){});
                  }
              }
              oldwd=wdint;//更新温度值 oldwd

              //"="号后面第7、8个字符是AD3的湿度传感器十六进制数值
              var sdstr=dstr. substr(dstr. indexOf("=")+7,2);
              var sdint=parseInt(sdstr,16);//十六进制字符转换成十进制数值
              //最终湿度的转换公式:(U*100)/153(U为十进制数)
              sdint=Math. round((sdint*100)/153);
              //console. log(sdint);
              document. getElementById("sd"). innerText="湿度:"+sdint+"%";
          }
    );
  },3000);
  </script>
```

案例小结

以上是物联网应用小程序功能的实现。后续还可以进一步实现模拟温室大棚、智能安防、飞机智能停靠等功能。物联网应用小程序的应用领域非常广泛，在智能家居、工业生产、交通出行、医疗健康、农业、商业等多个领域发挥着重要作用。随着信息技术的不断发展，物联网应用小程序的应用场景将更加广泛，开发技术也将更加成熟和完善。

参考文献

[1] 陈伟,张奥然,许信宇,等. 一个基于SpringBoot和AngularJS的家庭理财系统设计与实现[J]. 电脑知识与技术, 2024,20(12):46-49.

[2] 陈赵云. 基于HTML5的Web站点设计与实现[J]. 现代信息科技,2023,7(6):69-72.

[3] 张梦烁,刘莎,暴颖慧. 基于IoT与Web技术的室内多维信息可视化管理[J]. 物联网技术,2023,13(10):71-74.

[4] 李建华. HTML5在Web前端开发中的实践研究[J]. 软件,2022,43(12):146-148.

[5] 蒋婧. 基于HTML5+CSS3动画效果的设计与实现[J]. 电脑知识与技术,2022,18(17):94-96.

[6] 陈嘉霖,田力. 基于Web前端开发在企业信息化应用中的实践[J]. 电子元器件与信息技术,2021,5(03):162-164.

[7] 覃茂辉. 一站式点餐网站的设计与实现[J]. 电脑知识与技术,2021,17(29):73-75,91.

[8] 盛莉. 基于Web及数据库算法的软件应用框架设计研究[J]. 信息与电脑,2020,32(11):53-55.